KB209411

그릿

흔들리지 않고 무엇이든 해내는 마음근력

그릿

GRIT

Growing through **R**elatedness,
Intrinsic motivation & **T**enacity

김주환

그릿(GRIT)은 흔들리지 않고

무엇이든 해낼 수 있는 마음근력입니다.

누구나 갖고 있는 잠재력을 실제로

발휘할 수 있도록 하는 성취역량을 키워가는 데

이 책이 도움이 되리라 믿습니다.

● 차례

2장 그릿, 모든 성취의 원동력

3장 자기조절력: 나를 조절하고 다스리는 힘

4장 대인관계력: 건강한 인간관계를 구축하는 힘

5장 자기동기력: 열정을 갖고 스스로 해내는 힘

6장 '시험 잘 보는 능력'도 길러야 한다

프롤로그

그릿, 공부는 물론 무엇이든 다 잘 해내는 마음근력

마음근력은 다양한 관점에서 정의 내릴 수 있다. 우선 뇌과학적인 관점에서 보자면 상대적으로 편도체가 안정화되고 전전두피질이 활성화된 상태를 유지하는 것이다. 몸의 관점에서 보자면 심폐기능, 근골격계 기능, 호르몬 시스템, 면역 시스템, 혈액순환 시스템, 대사작용 등 전반적으로 건강한 상태를 유지하는 것이다. 행동의 관점에서 보자면 무언가 뜻대로 되지 않았을 때에도 다시 튀어오르는 힘(회복탄력성)과 뜻하는 바를 향해 몸과 마음의 에너지를 한데 모으고 쏟아붓는 힘(그릿)을 발휘할 수 있는 상태다. 감정의 관점에서 보자면 침착하고 차분하면서도 즐거운 마음을 유지하고, 자신과 타인을 향해 용서, 연민, 사랑, 수용, 감사, 존중의 마음을 낼 수 있는 행복한 상태다.

마음근력은 사람을 건강하고 행복하게 하면서도 동시에 성취역량을 발휘할 수 있게 한다. 어려움을 극복하는 힘인 회복탄력성이나 꾸준히 집중해서 밀고 나가는 힘인 그릿은 모두 성취역량이다.

나는 2023년도에 출간한 《내면소통》에서 마음근력의 개념을 이론화하고 나아가 마음근력을 향상시키기 위한 다양한 방법을 제시한 바 있다. 이제 이 책에서는 좀 더 구체적으로 초·중·고 학생, 즉 청소년의 마음근력을 향상시키는 방법을 제시하고자 한다. 청소년의 마음근력 향상법을 일차적으로 알려주고 싶은 대상은 학부모와 교사, 그리고 교육과정과 교육정책에 민간 영역과 공적 영역에서 다양한 형태로 참여하고 있는 교육 전문가들이다.

그중에서도 아이 교육에 가장 큰 관심과 관여도를 갖고 있는 학부모가 우선적인 대상이다. 학부모는 아이의 '공부'와 '성적'에 관심이 많다. 좀 더 정확히 말하자면 아이가 어느 대학에 들어갈 수 있느냐에 지대한 관심을 갖고 있다. 이것을 짧은 시간 안에 바꾸기란 어렵다. 사실 바꿀 필요도 없다. 마음근력 향상이 아이의 성적 향상에 결정적인 도움을 준다는 사실만 알려주면 된다. 오히려 학부모와 교사들이 지니고 있는 인간의 능력에 관한 여러 가지 잘못된 고정관념이 아이들을 약하게 하고 병들게 하고, 나아가 공부도 못하게 한다는 것을 강조하고자 했다. 그래서 이 책은 아이의 성적 향상을 위한 방법을 제시하는 것으로 메시지를 구성했다.

현재 우리 교육 시스템에서 성적 향상에 도움이 되지 않는 것을 학부모에게 설득한다는 것은 불가능에 가깝다. 다행히도 마음근력을 향상시킨다는 것은 아이를 건강하고 행복하게 만든다는 뜻이고, 그것은 아이의 성적 향상을 위한 가장 효과적이고도 빠른 길이다. 그래서 나는 '아이의 성적 향상을 원한다면 마음근력을 키워줘야 한다'를 이 책의 기본 메시지로 삼았다.

그러나 이 책이 전하려는 것은 결코 성적 향상을 위한 공부법이 아니다. 《내면소통》과 마찬가지로 '마음근력 향상법'이다. 그러한 마음근력 향상법을 아이들에게 적용한다면 당연히 성적이 오른다는 뜻이다. 아이의 몸과 마음이 튼튼해지고 더 행복해질 뿐만 아니라 성적까지 대폭 오른다니 이보다 더 좋을 수는 없을 것이다. 게다가 대인관계력과 감정조절력도 향상되니 우리 사회는 전반적으로 더 행복하고 부드럽고 친절한 문화를 갖게 될 것이다. 자라나는 아이들의 마음근력을 향상시키는 것은 우리의 미래와 직결되는 매우 중요한 문제다.

행복하고 성공적인 인생을 살기 위한 근본적인 힘

비슷한 능력을 지닌 사람이 비슷한 노력을 하는데, 왜 결과에서는 많은 차이가 나는 것일까? 그것은 성취역량의 근원인 '그릿'의 차이 때문이다. 어떤 분야에서든 높은 수준의 성취역량을 위해 반드시 필요한 것이 바로 그릿이다.

'결국 또 열심히 하라는 이야기 아닌가?' 하고 생각할 수도 있겠다. 하지만 마음만 굳게 먹는다고 누구나 노력할 수 있는 것은 아니다. 노력한 만큼 결과가 나오지 않아도 좌절하지 않고 꾸준히 나아가기 위해서는 마음근력이 필요하다. 그래야만 자신이 하고자 하는 것을 성취해낼 수 있다. 그릿은 '끝까지 노력할 수 있는 힘'이며, 이 책에서 나는 그릿을 키움으로써 공부든 무엇이든 다 잘 해내는 법에 대해 이야기하고자 한다. 특히 인생을 시작하는 청소년이나 젊은 사람들에게 이러한 마음근력을 키워주는 방법에 대해 꼭 알려주고자 하는 마음에 이 책을 쓰게 되었다.

사실《그릿(GRIT)》은 내가 2013년에 이미 출간했던 책이다. 이제부터 설명하려는 이유로 인해 2018년에 절판시켰다. 2013년 이 책을 출간할 당시, 제목을 '비인지능력' 혹은 '마음근력'으로 할까 고민하다가 너무 딱딱한 느낌이 들어 약자로 'GRIT'이라고 정했다. Growth Mindset(스스로 노력하면 더 잘할 수 있다는 능력성장의 믿음), Resilience(역경과 어려움을 오히려 도약의 발판으로 삼는 회복탄력성), Intrinsic Motivation(자기가 하는 일 자체가 재미있고 좋아서 하는 내재동기), Tenacity(목표를 향해 불굴의 의지로 끊임없이 도전하는 끈기), 이 네 단어의 첫 글자를 딴 것이다. 출간을 앞두고 아마존이나 구글 등을 검색해 혹시 같은 제목의 책이 있는지 살펴보았다. 없었다. 2013년 당시 '그릿(GRIT)'이라는 제목의 책은 찾아볼 수 없었다.

내 책이 아마도 세계 최초로 'GRIT'이라는 제목을 단 책이라고 생각한다.

2015년 1월에 미국의 커뮤니케이션 이론가인 폴 스톨츠가 'GRIT'이라는 제목으로 비인지능력의 중요성을 강조하는 책을 냈다.[1] 그런데 그의 'GRIT'은 'Growth, Resilience, Instinct, Tenacity'로 내 책의 제목과 매우 유사했다. 과연 우연일까 싶을 정도였다. 네 단어 중 무려 3개나 중복되고 있으니.

제목은 매우 유사하지만, 책 내용이 많이 다르므로 내 책을 참조하거나 한 것 같지는 않았다. 스톨츠의 책 표지는 그가 〈뉴욕타임스〉 베스트셀러 작가임을 내세우고 있었다. 우연의 일치인지 아니면 사람들이 마음근력에 대해 관심을 갖게 된 것인지는 모르지만 2015년에만 'GRIT'이라는 개념을 제목으로 내세운 책이 적어도 세 권이나 연달아 출간되었다.[2]

로리 서드브링크의 저서 《GRIT》은 리더에게 필요한 요소로 'Generosity(아량), Respect(존중), Integrity(성실), Truth(진정성)'를 강조하고 있다. 전혀 다른 비인지능력의 요소들로 역시 같은 제목을 만들어냈으니 신기할 따름이다. 그런데 아량과 존중은 대인관계력의 요소이고, 성실과 진정성은 자기조절력과 관련이 깊다. 자기조절력이 높은 사람은 뛰어난 도덕성을 보이기 때문이다. 결국 서드브링크가 사용한 그릿의 개념 역시 대인관계력과 자기조절력이 리더십의 중요한 요소임을 강조하고 있다. 물론 그의 그릿 개념에는 자기동기력이 누락되어 있다.[3] 2015년 9월에도 또 다른 작가들에 의해서 《그릿을 통해 위대해지기》라는 책이 나왔다. 역시 비인지능력과 마음근력의 중요성을 강조하는 책이다.[4]

2016년에 들어서도 'GRIT'이라는 제목의 책은 계속 출간되었다. 조 맥키의 'GRIT'은 'Guts, Resilience, Intuition, Tenacity'의 약자로 내 책이나 폴 스톨츠의 책 제목과 매우 유사하다.[5] 역시 비인지능력의 중요성을 강조하면서 이를 '성장(build)'시킬 수 있다고 강조한다.

그러다가 드디어 2016년에 펜실베이니아대학 심리학과 교수 앤절라 더크워스의 《GRIT》이 출간되었다(나는 'Duckworth'는 '덕워쓰'라고 표기해야 한다고 믿는다. 그러나 외래어 표기법을 준수하는 출판사의 원칙에 따라 '더크워스'로 표기되었음을 밝혀둔다).[6] 이 책의 'GRIT'은 내 책이나 앞에서 살펴본 책들처럼 단어들의 첫 글자를 딴 약어가 아니라 일반 명사로서의 영어 단어 'grit'이다. 간혹 영어 'grit'을 '기개'라고 번역하기도 하는데 동의하기 어렵다. 기개는 '씩씩한 기상과 굳은 절개'라는 뜻이므로 이는 'high-spirit'에 더 가깝기 때문이다.

영어 단어 'grit'은 차라리 '투지' 혹은 '집념'으로 해석하는 편이 나을 것이다. 'grit'은 명사로는 자갈, 모래 등의 뜻이고, 동사로는 이를 악물다, 갈다, 이를 갈아붙이다 등의 뜻이다. 절치부심 혹은 와신상담이라 번역하면 딱 어울릴 말이다. 그래서 더크워스가 말하는 영어 단어 'grit'은 주로 끈기나 과제지속력 중심의 자기조절력만을 의미한다고 볼 수 있다. 상당히 좁은 개념이다. 반면에 내가 만든 약어인 'GRIT'은 비인지능력을 이루는 세 가지 마음근력(자기조절력, 대인관계력, 자기동기력)을 모두 포괄하는 말이다.

앤절라 더크워스의 《GRIT》은 국내에 출간된 후 내 책보다 훨씬 많이 팔렸다. 그러다 보니 황당하게도 많은 사람이 오해하기 시작했다. 미국 학자가 낸 책과 똑같은 제목의 책을 한국 학자가 출간했다는 오해였다. 내 책이 3년 먼저 출간되었음에도 불구하고 내가 앤절라 더크워스의 책을 따라 했다고 생각했고, 심지어 내 《그릿》 책에 대한 평에는 '앤절라 더크워스한테 허락이나 받고 썼냐'는 글까지 등장하기에 이르렀다. 안타까운 일이지만 한국 학자가 먼저 어떤 개념을 구상해 책을 낼 수도 있다는 사실을 독자들은 알아주길 바란다.

더 마음 아프고 황당한 일은 인터넷에 떠돌아다니는 앤절라 더크워스의 《그릿》에 대한 수많은 소개글이다. 블로그나 카페에 올라온 많은 글이 "그릿은 성장(Growth), 회복력(Resilience), 내재적 동기(Intrinsic Motivation), 끈기(Tenacity)의 첫 글자를 따서 앤절라 더크워스가 개념화한 용어"라고 소개하고 있다. 이렇게 소개하는 사람들은 더크워스의 책도, 내 책도 읽지 않았음이 분명하다. 책도 읽지 않은 사람들이 이렇게나 많이 '책소개'를 버젓이 하고 있다는 사실도 놀라웠다.

다시 한번 강조하지만, 앤절라 더크워스의 그릿은 그냥 영어 단어 'grit'이다. 네 단어의 첫 글자를 따서 만든 'GRIT'이라는 개념은 내가 만든 것이고, 2013년에 나온 내 책《그릿》의 제목이다. 제목만 다른 것이 아니라 내용도 많이 다르다. 나는 자기조절력과 자기동기력이라는 2개의 개념 축을 통해서 GRIT을 설명하지만 더크워스에게는 그러한 이론적 틀이 없다. 나는 가만히 앉아서 내가 만들어낸 핵심적인 개념을 그냥 빼앗겨버린 듯했다. 이대로는 도저히 안 되겠다 싶어서 판권 계약기간 5년이 만료되기를 기다렸다가 2018년에 내《그릿》책을 절판시켰다. 그러고는 곧 다시 내려 했으나 마음근력에 관한 더 포괄적이고도 근본적인 이론서를 써야 할 필요를 느껴서《내면소통》을 먼저 집필하게 되었던 것이다.

내면소통에 기반을 둔 그릿의 의미

더크워스의 그릿과 내가 말하는 그릿은 그냥 비슷한데 개념이 다른 정도가 아니다. '그래서 어떻게 아이를 교육해야 하느냐'라는 현실적인 질문에 대해 답을 하자면 더크워스의 그릿 개념과 나의 그릿 개념은 거의 반대 방향의 답변을 내놓을 것이기 때문이다. 우선 두 개념의 차이부터 살펴보자.

더크워스의 그릿은 이를 악물고 악착같이 달려드는 성향을 말한다. 편도체가 활성화되든 말든 상관없다. 분노의 화신이 되어 끝까지 복수하는 것이 '트루 그릿'이다. 1960년대 서부 영화 중에 존 웨인이 주인공으로 나오는 〈True Grit〉이라는 영화가 있다. 이 영화는 2010년에 맷 데이먼 주연으로 리메이크(한국에서는 〈더 브레이브〉라는 제목으로 개봉)되기도 했다. 이 영화 역시 살해당한 아버지의 복수를 위해 포기하지 않고 집념을 발휘하는 10대 소녀의 이야기다. 우리에게 익숙한 무협지의 주인공들 역시 모두 이러한 더크워스식 '그릿'의 소유자다. 산에 들어가 수십 년 동안 무예를 갈고닦아서 온갖 어려움을 이겨내고 끝내 부모나 사부의 복수를 해내는 집념과 끈기가 바로 더크워스가 말하는 'grit'이다. 어금니에서 뿌드득 모래 소리가 나도록 이를 꽉 문다는 뜻이고, 마음먹은 일을 끝까지 해내는 집념이나 끈기를 의미한다.

한편 세 가지 마음근력을 의미하는 나의 'GRIT'은 더크워스의 'grit'과는 뜻이 다르다. 먼저 '편안전활(편도체 안정화, 전전두피질 활성화)'이라는 뇌과학적 이론에 입각한 마음근력이 발현되는 것이 내가 말하는 그릿이다. 부정적 정서보다는 용서, 연민, 사랑, 수용, 감사, 존중의 긍정적 정서와 대인관계력이 강조된다. 더크워스의 그릿 개념에서는 대인관계력에 대한 강조나 뇌과학적 이론의 배경은 찾아보기 힘들다. 분노나 불안감을 다스리는 감정조절력에 대한 개념도 들어 있지 않다. 자기동기력이나 자기조절력에 관한 개념적 설명도 찾아볼 수 없다.

더크워스 식의 그릿 개념은 열정과 끈기가 곧 성공의 원동력이라는 위험한 주장으로 흐르기 쉽다. 재능보다는 무조건 노력을 강조한다는 식이다. 이 경우 성과가 안 나면 곧 노력이 부족하다는 결론에 이르게 된다. 즉 노력할 수 있는데도 불구하고 게을러서 노력을 안 한 것이기에 곧바로 도덕적 비난의 대상이 되고 만다.

이러한 더크워스 식 그릿 개념의 문제점은 성공 여부에 따라 사후적으로 그 사람을 평가하게 된다는 데 있다. 즉 개인의 역량 발휘나 성공 여부는 바로 그 개인의 책임이라고 전제하고 있다. 누구에게나 노력하는 능력이 있다는 것을 은연중에 전제하고 있기에 노력을 '안 하는 것'이라고 판단하게 된다.

내가 말하는 내면소통 이론 기반의 '그릿'은 노력 자체가 능력이고, 대부분의 사람은 노력을 안 하는 것이 아니라 못하는 것이라고 본다. 그리고 그러한 노력하는 능력의 기반에는 감정조절력이 핵심적으로 존재한다고 본다. 그런데 감정조절은 개인의 의도나 의지로 되는 것이 아니다. 편안전활이라는 간접적인 방법으로 신경가소성을 통해 뇌의 작동방식을 바꿔야 가능하다고 본다. 따라서 그 방법으로서 마음근력 훈련이 강조된다.

신경가소성에 바탕을 둔 훈련이란 뇌의 시냅스 연결망을 의도적으로 변화시킨다는 뜻이다. 자전거 타기나 피아노 연습을 연상하면 이해하기 쉬울 것이다. 피아노 연습을 많이 하면 건반을 두드리는 데 필요한 손가락 근육을 통제하는 뇌신경에 새로운 시냅스 연결이 많이 생겨난다. 그러나 이러한 변화에는 시간이 필요하다. 적어도 3주에서 3개월은 지나야 새로운 시냅스 연결이 생겨난다.

마음근력 훈련도 마찬가지다. 편안전활과 관련된 뇌의 새로운 시냅스를 만들어내야 하는 것이지, 무조건 그릿을 발휘하겠다고 마음 먹는다고 되는 일이 아니다. 마음근력과 관련된 새로운 시냅스 연결을 만들어내야만, 의도하지 않아도 편안전활 상태가 되어 저절로 마음근력을 발휘할 수 있게 된다.

더크워스 식으로 열정, 끈기, 노력이 중요하다고 강조하는 것은 오히려 자라나는 청소년이나 젊은 세대에게 큰 스트레스와 좌절감을 줄 우려가 있다. 나는 열정이든 끈기든 노력하는 힘이든 모두 결과적으로 생겨나는 것이지, 개인적인 각성이나 결단에 의해 생겨나는 것은 아니라고 믿는다.

비유적으로 말하자면 무거운 물건을 드는 데 팔근육뿐만 아니라 코어근육과 하체근육까지 사용할 필요가 있다는 것이 더크워스 식의 이야기다. 그리고 코어근육과 하체근육까지 쓰겠다는 생각을 하고 그러한 의도를 가지라는 것이 더크워스의 책 《그릿》의 골자다. 저 무거운 물건을 반드시 들어올릴 수 있다는 긍정적인 생각을 하라는 것이다. 이래서는 곤란하다. 그렇게 생각을 바꾸는 식으로는 근육이 강화되지 않는다. 물론 아예 그런 생각을 하지 않는 것보다는 조금 나아질 수 있을지 모르지만 근본적인 해결책은 될 수 없다.

근본적인 해결책은 바로 코어근육과 하체근육의 중요성을 알려줄 뿐만 아니라 그것을 기를 수 있는 구체적인 방법까지 알려주는 것이다. 들어올리려는 무거운 물건, 즉 목적에 집중하기보다는 그것을 드는 데 필요한 몸 전체의 근육에 집중하고 그 근육들을 키우라는 것이다. 나는 끈기, 열정, 노력하는 힘 등은 모두 전전두피질 중심의 네트워크에서 나오는 것이고, 그것을 강화하기 위해서는 편도체를 안정화하고 전전두피질을 활성화하는 것이 중요하다고 강조했다. 그것이 《내면소통》 앞부분에 주로 나오는 이론적 설명이다. 그러고 나서 편안전활을 위한 구체적이고 다양한 방법을 소개했다.

더크워스 식의 그릿 개념은 우리 청소년들에게 별 도움이 되지 않는 정도가 아니라 오히려 해로울 것이다. 그런 식으로 노력과 열정만 강조하다가는 더 큰 스트레스와 좌절감을 안겨주고, 아이들의 편도체를 더 활성화할 것이 뻔하기 때문이다.

사정이 이렇기 때문에 나는 더크워스의 《그릿》과 내 《그릿》의 내용이 같거나 비슷한 것으로 오해하는 상황을 그냥 두고 보기 힘들었다. 그래서 내 책을 일단 절판시키고, 더크워스 식의 그릿 개념이 아니라 성취역량을 키우는 마음근력으로서의 'GRIT'을 소개하기 위해서 개정판을 내기로 한 것이다.

더크워스 연구의 의의는 지능이나 재능보다는 열정과 끈기가 더 중요하다는 것을 검증했다는 데 있다. 성공을 위해서는 인지능력보다 비인지능력이 더 중요하다는 것이다. 웨스트포인트에 갓 입학한 신입생도가 첫 번째 혹독한 훈련을 견뎌내느냐 마느냐를 결정짓는 것은 체력 점수도 SAT 성적도 학교 등수도 아니었다. 비인지능력인 그릿만이 그러한 차이를 만들어냈다는 것이다. 학생들의 수학 성적에 중요한 영향을 미치는 것 역시 지능지수나 수학적 재능이 아니라 끈기나 과제지속력이었다.

어떤 일을 성공적으로 해내는 데 있어서 이러한 비인지능력이 중요하다는 점에 대해서는 나도 동의한다. 그런데 어떻게 비인지능력을 길러줄 수 있겠는가 하는 문제에 대해서는 더크워스의 'grit'과 나의 'GRIT'은 확연히 다른 답변을 내놓는다.

더크워스가 말하는 그릿은 일종의 기질적 성향이다. 즉 어느 정도 타고나는 것이라는 뉘앙스가 깔려 있다. 물론 선천적, 유전적으로 결정되는 특성이긴 하지만 후천적으로도 개발 가능하다고 강조한다. 그릿을 기르기 위한 방법으로 더크워스가 제안하는 것은 크게 네 가지다.

첫째, 좋아하고 관심(interest)을 가질 수 있는 일을 찾는다. 그러기 위해선 호기심을 갖고 다양한 활동에 도전해야 한다. 둘째, 의도적인 연습(deliberate practice)을 꾸준히 목표 지향적으로 해나간다. 장기적이고도 점진적인 도전과제를 설정해야 한다. 셋째, 자신이 하는 일의 목적(purpose)을 찾고 의미를 부여해서 그것으로부터 동기를 얻는다. 넷째, 긍정적인 태도와 희망(hope)을 지니고 실패를 두려워하지 않는다.

나는 더크워스가 말하는 이러한 네 가지 심리적 자산이 중요하다는 데 동의한다. 그러나 이 네 가지를 '방법'으로 제시하면서 이렇게 하라고 아이들을 가르치면 역효과가 날 것임이 분명하다. 관심, 의도적인 노력, 일의 목적 발견, 긍정적 태도와 희망 등의 덕목은 그릿을 길러줘야 얻어지는 '결과'이지 그릿을 기르기 위한 '수단'이 결코 아니다.

더크워스 식 그릿 개념의 위험성

호기심을 갖고 다양한 활동에 도전하기 위해서는 이미 아이들의 뇌는 편도체가 안정화되고 전전두피질이 활성화되어야 한다. 불안감이나 분노 등의 감정이 사라져야만 호기심이 발동한다. 다양한 활동에 도전하려는 마음은 회복탄력성이 자라나야 가능한 일이다. 아이들에게 '호기심을 갖고 다양한 활동에 도전하라'는 조언은 스트레스를 받고 부정적 감정에 휩싸여 있는 청소년에게 함부로 해서는 안 된다. 아이들은 '아, 호기심을 갖고 도전해야 하나 보다'라고 인지적으로는 생각하겠지만, 감정적으로는 그렇게 되지 않아 다시 한번 좌절할 것이기 때문이다. 막연히 '다른 아이들은 호기심을 갖고 도전하는데 나만 이렇게 관심 있는 일을 찾지도 못하고 짜증만 내고 있네'라고 생각하면서 자기 자신에 대한 부정적 이미지를 더욱더 키워갈 것이다. 결과적으로 이러한 조언은 많은 청소년의 편도체를 더 자극할 것이고 아이들의 그릿을 오히려 더 약화시킬 가능성이 크다.

'의도적인 연습' 역시 마찬가지다. 더크워스가 말하는 것처럼 장기적인 목표를 세우고 단계적으로 그것을 수행해나가면서 그로부터 피드백을 얻어 단계별 목표를 점진적으로 개선해나가기 위해서는 이미 상당한 정도의 그릿이 있어야 한다. 그릿을 기르는 방법으로 '의도적이고도 지속적인 연습'을 제시하는 것은 명백한 논리적 모순이다. 그러한 '연습'을 하기 위한 마음근력이 그릿이고, 그러한 의도적인 연습을 해낼 수 있는 끈기가 그릿이다. 의도적인 연습은 그릿이 길러져야만 가능한 것이지, 결코 그릿을 기르기 위한 방법이 될 수 없다.

의도적인 연습을 해내기 위해서는 자기조절력, 감정조절력, 과제지속력 등의 마음근력이 필요하다. 그리고 이러한 능력은 주로 전전두피질의 신경망에서 담당한다. 따라서 그릿을 길러주기 위해서는 자기참조과정이나 자타긍정 등 전전두피질을 활성화하는 다양한 훈련을 제공해줄 필요가 있다.

자신이 하는 일의 목적을 찾고 동기를 얻으라는 말 역시 진정한 동기부여의 방법에 대한 이해의 부족에서 나온 조언으로 보인다. 진정한 내재동기는 자율성에서 나온다. 그리고 자율성은 긍정적 자아개념에서 출발한다. 감사, 사랑, 존중 등의 훈련을 통해서 자신에 대한 긍정과 타인에 대한 긍정 훈련을 시켜줘야 전전두피질이 활성화되고 내재동기가 발휘된다. 그래야 자기동기력이 생겨난다.

급기야 더크워스는 '희망을 품어라'라는 조언까지 하기에 이른다. 그러나 '희망을 품어라'는 결코 그릿을 기를 수 있는 방법이 아니다. 이 역시 그릿을 길러야 사후적으로 생겨나는 정서다. 물론 낙관성과 긍정적 정서를 지니는 것은 필요하다. 그렇다면 그러한 정서가 유발될 수 있도록 다양한 마음근력 훈련법을 아이들에게 알려줘야 한다. 긍정적 정서의 기반이 되는 전전두피질 중심의 신경망을 활성화할 수 있는 마음근력 훈련법을 구체적으로 알려줘야 하는 것이다.

그릿이 부족한 아이에게 그릿을 기르기 위해서 좋아하는 일을 찾고, '의도적인 연습'을 해야 한다고 가르치는 것은 정말 아이를 망치는 교육이 될 수도 있다. 목적을 찾고 희망을 품으라는 조언 역시 마찬가지로 위험하다. 그러한 조언대로 하는 것이 좋아 보이고 그렇게 하고 싶은데 뜻대로 안 될 것이기 때문에, 아이에게 좌절감과 자기부정적 감정만 잔뜩 안겨줄 우려가 있다. 더크워스가 말하는 네 가지 방법은 그릿을 위한 수단이 아니라 그릿의 결과임을 분명히 깨달아야 한다. 수많은 자기계발서나 성공학 역시 더크워스 식으로 결과를 수단으로 강조하는 경우가 많다. 이러한 자기계발서식 조언들은 오히려 좌절감과 부정적 감정만 키워서 아이의 마음근력을 약화하고 유리멘털로 만들어버릴 위험성이 있다.

그릿을 이루는 세 가지 마음근력

《그릿》 초판에서 개념화한 GRIT은 자기조절력과 자기동기력 두 가지 요소로 이루어져 있었다. 이들은 모두 《내면소통》을 통해 이론화했듯이 신경가소성과 후성유전학적인 근거로 훈련을 통해 향상될 수 있는 마음근력 요소들이다. 내면소통 훈련으로 편안전활을 이뤄낼 수 있고 이를 통해 자기조절력과 자기동기력을 향상시킬 수 있다는 것인데, 이는 곧 더 행복해지고 건강해진다는 뜻이기도 하다.

이번에 새로이 출간하는 《그릿》은 초판과는 달리 마음근력 세 가지를 모두 포괄하고 있다. 2013년 《그릿》 초판에서는 자기조절력과 자기동기력을, 그보다 앞서 2011년에 펴낸 《회복탄력성》에서는 자기조절력과 대인관계력을 다루었다. 즉 자기조절력을 공통으로 각각 자기동기력과 대인관계력을 소개했다. 그리고 두 책의 개념을 취합해 체계화한 것이 2023년 《내면소통》에서 말하는 세 가지 마음근력, 즉 자기조절력, 대인관계력, 자기동기력이다. 이렇게 《내면소통》에서 체계를 잡은 개념에 최근의 연구성과들까지 접목해 우리나라 학부모, 특히 초등학생이나 중·고등 학생 자녀를 둔 부모들이 아이의 마음근력을 키워주고, 몸도 마음도 건강한 아이로 키워가는 데 보다 현실적인 도움이 되는 책을 쓰고 싶었다. 그런 목적으로 이전의 원고를 다시 살펴보니, 그릿의 개념도 다시 재정립할 필요성을 느꼈다.

고민 끝에 이 책에서 새롭게 정립한 그릿의 의미는 다음과 같다. G는 성장(Growing), 다시 말해 현재 상태에서 자신의 잠재력을 충분히 발휘해내는 것을 뜻한다. 아이가 이미 갖고 있는 능력을 온전히 발현해내는 것을 성장이라고 할 때, 이 성장은 세 가지 마음근력을 통해 이루어진다. 그중 하나가 대인관계력이다. R은 대인관계력의 대표적인 구성요소인 관계성(Relatedness)을 뜻한다. I는 내재동기(Intrinsic motivation)로, 어떤 일이 재미있어서 하는 자기동기력의 대표적인 요소다. 마지막으로 T는 끈기(Tenacity)로 자기조절력을 이루는 근간이 된다. 끈기는 과제지속력, 감정조절력과 함께 자기조절력을 이루는 핵심 요소라 할 수 있다.

정리해보자면 그릿은 세 가지 마음근력, 즉 자기조절력, 대인관계력, 자기동기력에서 특히 아이들에게 필요한 대표적인 핵심 개념들을 뽑아낸 것이다. 즉 관계성, 내재동기, 끈기 등의 마음근력을 통해 아이가 잘 성장하도록 도와주자는 개념이 바로 그릿이다(GRIT=Growing through Relatedness+Intrinsic motivation+Tenacity). 이제 세 가지 마음근력에 대해 간략히 살펴보자.

자기조절력

첫 번째 마음근력인 자기조절력은 내가 나 자신을 조절하는 능력을 뜻한다. 구성요소로는 우선 과제지속력이 있다. 과제지속력이란 내가 세워놓은 목표를 향해서 스스로를 몰아갈 수 있는 능력이다. 무언가를 하다가 재미가 없다고 그만두는 일이 잦다면 과제지속력이 낮은 편에 속한다. 학생의 경우, 교과서든 참고서든 앞부분의 몇 페이지만 까맣게 되도록 본 흔적이 있다면 아마도 과제지속력이 부족한 경우라 할 수 있다. 반면 과제지속력이 높은 아이는 어떤 일을 일단 시작하면 하기 싫어지거나 지루해져도 끝까지 해내는 특성을 보인다.

자기조절력의 두 번째 요소는 끈기다. 어떤 일을 시도했는데 생각대로 잘되지 않더라도 포기하지 않고 다시 시도하는 마음의 근력을 말한다. "열 번 찍어 안 넘어가는 나무 없다"는 속담이 바로 이 끈기에 해당하는 말이다. 예를 들어 수학 공부를 하다가 어려운 문제를 만났을 때 어렵다고 그만두지 않고, 끊임없이 재차 다시 풀어보는 근성을 끈기라고 할 수 있다. 얼핏 과제지속력과 비슷해 보이지만 좀 다르다.

자기조절력의 또 다른 구성요소는 집중력이다. 집중력은 하고자 마음먹은 어떤 목표(대상)에 자신의 에너지와 주의력을 쏟아부을 수 있는 능력을 뜻한다. 학생이라면 집중력이 높아야 긴장된 상황에서도 시험을 잘 본다. 운동선수가 실전에서 뛰어난 활약을 하려면 집중력을 잘 발휘해야 한다. 한마디로 집중력은 실전에 임했을 때 자신의 잠재력을 최대한 발휘하는 능력이라 할 수 있다.

공부하는 아이의 입장에서 볼 때 과제지속력과 끈기는 '노력하는 힘'이며, 집중력은 '시험을 잘 보는 힘'이라고 할 수 있다. 노력을 한다는 것은 공부를 해서 내 머릿속에 그 내용을 투입하는 것이고, 시험을 잘 본다는 것은 내 머릿속에 투입된 내용을 정확히 산출해내는 것이다. 이 투입과 산출은 모두 자기조절력의 영역에 속한다. 그리고 과제지속력이나 끈기는 자기조절력의 또 다른 중요한 요소인 억제력, 즉 인내심이 있을 때 발휘할 수 있다.

마지막으로 자기조절력의 중요한 요소는 감정조절력이다. 감정조절력은 위기 상황 혹은 불안한 상태에서도 침착하고 차분한 마음을 유지하는 능력이다. 감정조절력과 함께 충동억제력도 자기조절을 하는 데 매우 중요한 요소라 할 수 있다.

그런데 지금까지 설명한 이 모든 자기조절력의 기능들을 담당하는 뇌 부위는 mPFC(내측전전두피질)이다. 따라서 mPFC가 잘 작동할 수 있어야, 더 구체적으로 말해 mPFC를 중심으로 vmPFC(복내측腹內側전전두피질), dlPFC(배외측背外側전전두피질) 등 상하로 연결되는 신경망이 잘 활성화되어야 강력한 자기조절력을 발휘할 수 있게 된다.[7] 자기조절력이 강해야만 앞서 얘기한 노력할 수 있는 능력과 시험을 잘 볼 수 있는 능력이 생긴다.

대인관계력

두 번째 마음근력은 대인관계력이다. 흔히 대인관계력을 단순히 사람들과 잘 어울려 친하게 지내는 성향 정도로 생각하지만, 뇌과학적으로 볼 때 대인관계력은 상대방의 생각과 의도를 잘 파악하고, 상대방의 감정 상태를 알아차리고 공감할 수 있는 능력을 말한다. 대인관계력을 잘 발휘하려면 현재 자신의 상태를 잘 알아차리는 자기참조과정(self referential processing) 능력이 있어야 하고, 그와 동시에 타인의 입장이 되어 세상을 바라보는 역지사지 능력도 필요하다. 한마디로 나와 타인에 대한 실시간 정보처리를 잘해야 한다. 학생이 시험을 볼 때 출제자의 의도를 잘 파악하는 것 역시 대인관계력이 발휘되어야 가능하다.

이렇게 나를 알아차리고 상대방의 입장을 헤아리는 대인관계력의 핵심에도 mPFC가 있다. 다시 말해 mPFC는 자기조절력뿐만 아니라 대인관계력에서도 중추 역할을 하는 것이다. 일례로 mPFC와 TPJ(측두엽-두정엽 연접부) 간의 신경망이 강해야만 대인관계력의 핵심인 소통능력을 키울 수 있다.[8] 여기에서 말하는 소통능력은 단순히 말을 잘하는 능력이 아니다. 말을 어떻게 하는가의 문제는 커뮤니케이션의 극히 일부일 뿐이다. 소통능력에서 가장 중요한 것은 타인의 마음을 헤아리고 아픔이나 느낌에 공감하는 능력과 상대방을 존중하고 배려하는 능력이다.

자기동기력

세 번째 마음근력인 자기동기력은 하고자 하는 일에 대해 스스로 동기를 부여하는 능력이다. 자기동기력의 가장 중요한 기반이 되는 요소는 어떤 일을 할 때 그 일 자체에서 흥미와 재미를 느끼고 에너지를 얻는 '내재동기'다. 부모가 억지로 시키지 않아도 어떤 일을 스스로 잘하고 있다면, 그 아이는 그 일에 대해 내재동기를 발휘하고 있는 것이다.

이렇게 하는 일 자체에서 즐거움을 느끼는 내재동기는 자율성에서 비롯된다. 자율성은 '내 인생은 내가 산다. 내 삶의 주인은 다름 아닌 바로 나 자신이다'라는 믿음이며, 이런 믿음이 있어야만 내 삶을 스스로 결정하고 변화시킬 수 있다는 자기결정성과 유능성이 생긴다.

자율성은 내 삶에서 발생하는 사건과 그 결과를 스스로 통제할 수 있다는 믿음인 내적 통제 소재(internal locus of control)가 높을수록 강하게 발현된다. 반대로 내 삶에서 일어나는 일이 외부적인 요인에 의해 결정된다는 믿음인 외적 통제 소재(external locus of control)가 높을수록 자율성은 떨어진다.

학생의 경우, 공부를 할 때 '이건 내가 결정해서 하는 공부다. 이 과제는 내가 할 일이다' 등 내 삶은 내가 살아간다는 느낌, '영어 공부를 먼저 하고 수학은 나중에 해야겠다' 등 스스로 결정한다는 느낌이 높을수록 자율성이 강하다고 할 수 있으며, 이런 자율성이 강할 때 내재동기 역시 더 많이 발휘된다.

이때 중요한 것은 자기동기력의 근간인 내재동기와 자율성이 발휘되기 위해서는 자기 자신을 스스로 알아차리는 자기참조과정이 동반되어야 하는데, 이러한 기능의 핵심 중추가 되는 뇌 부위 역시 mPFC라는 사실이다.[9] 또한 내재동기와 자율성이 발현되는 과정에서 전전두피질 전체가 활성화되는 것은 물론 두정엽까지 활성화되기 때문에 창의성이 향상된다. 다시 말해 내재동기와 자율성이 높을수록 문제해결력과 창의력도 함께 높아진다고 할 수 있다.

공부 잘하는 유일한 방법,
전전두피질 활성화

지금까지 말한 자기조절력, 대인관계력, 자기동기력을 정리해보면, 이 세 가지 마음근력이 발휘되는 데는 공통적으로 mPFC가 중요하다는 것을 알 수 있다. 즉 아이의 마음근력을 키워주려면 바로 이 mPFC 영역을 활성화해주는 훈련이 필요하다. 그것이 바로 내가 《내면소통》에서 강조했던 '전전두피질 활성화' 훈련이다.

전전두피질은 특히 편도체와 강력하게 연결되어 있다.[10] 이 두 부위의 연결 관계를 보면, 서로 반대방향으로 움직이는 특성을 보인다. 즉 전전두피질이 활성화될 때는 편도체가 안정화되고, 반대로 편도체가 활성화될 때는 전전두피질이 안정화된다. 따라서 세 가지 마음근력을 키우기 위해 전전두피질 활성화 훈련을 할 때, 이를 위한 전제조건이 바로 편도체 안정화라고 할 수 있다.

이러한 원리에 따라 이 책에서 다루고자 하는 핵심은 '편도체 안정화와 전전두피질 활성화'로 요약할 수 있다. 지금부터 이에 대한 세부 내용을 하나씩 살펴보고자 한다.

안타깝게도 오늘날 우리의 교육 시스템과 학부모들의 고정관념은 아이의 그릇을 키워주기는커녕 오히려 점점 더 약화시키고 있는 것으로 보인다. 우리나라 아이들의 편도체 활성화 정도는 위기 상황이라 할 만큼 심각하다. 편도체가 활성화된다는 것은 결국 부정적인 정서에 사로잡힌다는 뜻인데, 이는 끊임없는 불안감에 시달리면서 작은 일에도 쉽게 분노하고 짜증을 내는 증상으로 나타난다. 무기력해지고 불안해지며 분노가 솟구치는 일련의 증상은 모두 편도체 활성화에서 비롯된다고 할 수 있다.

이를 바로잡으려면 기성세대, 특히 부모가 갖고 있는 잘못된 편견을 반드시 바꿔야 한다. 부모가 먼저 '공부는 하기 싫고 어려운 것이고, 따라서 참아가며 해내야 하는 것'이라는 생각을 버려야 한다. 이런 생각이 부모로 하여금 아이에게 공부를 강요하고, 무리하게 선행학습을 시키고, 야단을 치거나 닦달하게 만든다. 그 결과 아이는 부모에게 인정받기 위해 '마지못해' 공부를 한다. 이것이 습관으로 자리 잡으면 아이의 뇌리에 공부는 부모의 사랑을 위협하는 '적'으로 각인된다. 결과적으로 공부를 마음속 깊이 증오하게 되는 것이다.

본능적으로 사람은 자기가 싫어하는 일을 잘 해낼 수 없다. 하기 싫은 것을 억지로 참고 하는데 그 일을 잘 해내는 건 불가능하다. 예를 들어 어려서부터 공 차는 게 너무나 싫고 재미없고 어렵게 느껴진다면 과연 꾹 참고 노력한다고 해서 훌륭한 축구선수로 성장할 수 있을까? 그건 불가능하다. 공부도 마찬가지다. 공부를 잘하는 방법은 단 하나, 전전두피질을 활성화하는 것이다. 전전두피질이 활성화된 상태는 쉽게 말해 마음이 즐겁고 행복한 상태다. 즉 그릿을 키워준다는 것은 아이의 감정 상태를 안정화하면서, 늘 마음이 행복하고 즐거운 상태로 만들어주는 것이다.

다시 강조하지만 공부는 이를 악물고 참아가며 괴로움을 견디고 해야만 되는 일이 아니다. 우리 사회에 널리 퍼진 착각이 고진감래(苦盡甘來), 즉 고통 없이는 아무것도 얻을 수 없다(No Pain, No Gain)는 이데올로기다. 우리 사회에 만연한 이 잘못된 이데올로기로 인해 많은 부모가 아이를 절벽으로 몰아가고 있다. 한국 청소년의 자살률과 우울증 비율이 세계 최고 수준인 것은 결코 우연이 아니다.

아이가 행복해야만 몸과 마음이 건강해지고 공부도 잘한다는 사실을 반드시 기억하기 바란다. 공부를 하는 동안 즐겁다면, 공부하는 것 자체가 재미있다면 성과가 더욱 커진다. 고통 없이 현재를, 지금 이 순간을, 오늘 하루를 즐겁고 행복하게 살아갈 때 더 많은 성취를 얻을 수 있다(Less Pain, More Gain). 그렇다면 과연 입시지옥으로 여겨지는 한국의 교육 현실에서 늘 행복하고 즐거운 마음을 지니도록 아이를 키울 수 있을까? 나는 그럴 수 있다고 믿고, 그래야 한다고 확신한다.

이 책에서는 그릿을 통해 공부 잘하는 법을 다루고 있지만, 그릿이 단순히 학생의 공부에만 적용되는 것은 아니다. 입시나 시험 등의 경쟁은 어른이 된 후에도 끊임없이 계속되며, 우리의 인생은 마음근력과 성취역량을 발휘해야 하는 크고 작은 도전의 연속이다. 어릴 적부터 그릿을 몸에 익힌 아이는 성인이 되어서도 뛰어난 성과를 이뤄낼 것이고, 자신의 삶을 원하는 방향으로 이끌어가게 될 것이다.

따라서 그릿은 단기적인 학습전략이나 공부법이라기보다는 행복하고 성공적인 인생을 살아가기 위한 근본적인 힘이라고 할 수 있다. 꾸준히 그릿을 키워나간다면 어떤 분야에서든, 무엇을 하든, 뛰어난 성취역량을 발휘하는 건강하고 행복한 인간으로 성장하게 될 것이다.

2025년 석수 김주환

Growing through
Relatedness,
Intrinsic motivation &
Tenacity

1장

공부에 대한 오해와 착각

공부에 대한
우리의 편견과 오해

본격적으로 공부 잘하는 법에 대해 논하기 전에 공부에 대한 편견과 오해부터 불식시킬 필요가 있다. 당신은 공부에 대해 얼마나 잘 알고 있는가? 먼저 간단한 테스트를 해보도록 하자. 다음에 나오는 각각의 문항에 대해 얼마나 동의하는지 점수를 매겨보기 바란다(매우 그렇다=5점, 그렇다=4점, 잘 모르겠다=3점, 아니다=2점, 결코 아니다=1점).

1. 성적을 결정짓는 가장 큰 요인은 지능이다.
2. 하기 싫어도 꾹 참고 공부하면 성적은 오르게 마련이다.
3. 공부하는 시간을 늘리면 성적은 오른다.
4. 선행학습을 할수록 성적 향상에 유리하다.

5. 공부는 고통스러운 것이고, 그러한 고통을 잘 이겨내야 성적이 오른다.
6. 아이가 공부를 안 하면 야단쳐서라도 공부를 시켜야 한다.
7. 가끔 따끔하게 혼내야 정신 차리고 공부할 것이다.
8. 공부를 잘하는 학생은 잠을 적게 잔다.
9. 시험 볼 때 자꾸 실수하는 것은 정신상태가 해이하기 때문이다.
10. 실수하는 습관은 따끔하게 혼내면 어느 정도 나아질 수 있다.
11. 성적이 떨어지면 그에 상응하는 벌을 받아야 정신 차리고 공부할 것이다.
12. 성적이 오르면 원하는 것을 사주겠다고 약속하면 좀 더 열심히 공부할 것이다.
13. 공부에 집중하게 하려면 게임은 되도록 못하게 해야 한다.

답변의 합계가 30점 미만이라면 양호하다. 30~36점이면 보통이다. 40점이 넘는다면 문제가 있다. 당신은 공부에 대해 편견과 선입견을 갖고 있을 가능성이 높다. 만약 45점이 넘는다면 심각한 수준이다. 당신은 아마도 아이의 성적뿐만 아니라 마음근력마저 망치고 있을 가능성이 높다. 당신의 아이는 학년이 올라갈수록 성적이 떨어질 것이 거의 확실하며, 아이가 공부를 못하는 것은 당신 탓이다. 공부에 대한 잘못된 편견을 갖고 있는 당신이 아이 성적에 대한 관심마저 높다면 문제는 매우 심각하다. 아이의 성적에 부정적인 영향을 미치고 있을 가능성이 대단히 높기 때문이다.

이제 당신이 할 수 있는 현명한 선택은 둘 중 하나다. 하나는 아이의 공부나 성적에 대한 관심을 아예 끊어버리고 간섭하지 않는 것이다. 만일 그것이 어렵다면 혹은 그렇게 하길 원치 않는다면, 이 책을 끝까지 열심히 읽어서 공부에 대한 당신의 고정관념을 완전히 바꾸길 바란다. 공부에 대한 편견이 아닌 올바른 생각과 건강한 습관을 물려주는 부모가 될 수 있을 것이다.

공부에 대한 오해가
자녀의 공부를 방해하고 있다

얼마 전 식당에서 목격한 일이다. 대여섯 살쯤으로 보이는 귀여운 여자아이와 엄마가 나란히 앉아 무언가 얘기하고 있는 모습을 보았다. 그런데 귀여운 딸을 쳐다보는 엄마의 표정이 사납게 일그러져 있었다. 처음에는 아이가 무슨 잘못을 해서 야단을 치나 보다 생각했는데, 그게 아니었다. 엄마는 딸에게 윽박지르듯 "삼 칠은?", "삼 팔은?" 하고 계속 묻고 있었다. 구구단을 테스트하고 있었던 것이다!

아이는 주눅 든 표정으로 안간힘을 다해 엄마의 테스트에 응하고 있었다. 아직 구구단을 줄줄 외우는 정도는 아닌 것 같았다. 엄마는 어쩌다 아이가 틀리기라도 하면 마치 큰 잘못을 저질렀다는 듯 눈을 부라리며, 재차 "삼 팔은?", "삼 팔은?" 하고 험악한 표정으로 아이를 윽박질렀다. 분위기는 점점 살벌해졌다. 아이의 눈에서는 금세 눈물이 쏟아질 것 같았지만, 굳게 다문 입술에서는 엄마의 구구단 질문 공세를 끝까지 견뎌내겠다는 확고한 의지가 느껴졌다. 아이는 교육을 받는 게 아니라 마치 고문을 당하고 있는 듯했다. 엄마는 구구단이 마치 거룩한 진리라도 되는 양, 아이를 끈질기게 괴롭히고 있었다. 문득 그 젊은 엄마가 구구단이라는 신흥 종교에 빠져버린 광신도처럼 보였다.

실제 많은 엄마들이 교육 전문가들이 쏟아내는 지나친 선행학습의 부작용이나 경고는 아랑곳하지 않고, "네 살부터 이 정도는 시켜야지", "초등학교 졸업 전에 이 정도 진도는 나가 둬야지" 하는 등의 소문에 의존해 아이를 사교육 전쟁터로 내몰고 있다. 2023년경부터는 초등생 의대 준비반 열풍마저 불고 있다고 한다. 아이에게 조금이라도 더 일찍 무언가를 가르쳐야 한다는 강박관념이 마치 거대한 종교적 신념처럼 우리 사회를 지배하고 있다.

문제의 핵심은 조기교육이나 선행학습 자체가 아니다. 그것이 아이에게 '즐거움'을 준다면 선행학습이든 뭐든 괜찮다. 아이가 수학문제를 풀며 즐겁게 놀 수 있다면, 아무리 높은 수준의 수학문제라도 얼마든지 풀게 하면 된다. 아이가 구구단 외우는 것을 신기해하고 즐거워한다면, 외우게 하면 된다. 그러나 설령 놀이라 할지라도 종이접기든 공놀이든 모래성 쌓기든 레고 만들기든, 강제로 시키고, 안 한다고 야단치고 닦달하고, 안 하면 큰일이라도 날 것처럼 아이를 압박하면 절대 안 된다. 부정적 정서가 유발되는 순간 놀이든 선행학습이든 영재교육이든 그것은 아이에게 극히 해로운 것으로 돌변한다. 편도체 활성화가 습관화되고 고착화되어 결국 감정조절 장애를 겪게 될 우려가 크기 때문이다.

중요한 것은 '무엇'을 시키느냐가 아니라 '어떻게' 시키느냐다. 핵심은 공부와 관련해 아이에게 긍정적인 정서와 자기조절력을 심어주는 것이다. 어려서부터 학원에 보내 사교육을 시킬 것인지는 사실 중요하지 않다. 해도 좋고 안 해도 좋다. 중요한 것은 편도체 안정화와 전전두피질 활성화의 습관을 길러줄 수 있느냐의 여부다.

아이의 자기조절력은 부모의 사랑에서 비롯된다. 아이가 엄마와 아빠는 어떤 상황에서도 나를 사랑해주고 내 편이 되어줄 거라는 믿음을 갖는 것이 매우 중요하다. 아이의 몸과 마음은 절대적인 정서적 지원을 받아야만 건강하게 자랄 수 있다. 내가 《회복탄력성》에서 강조했듯이, 무조건적인 사랑 없이는 회복탄력성도, 마음근력도, 그릿도 생기지 않는다. 영유아 시절에 무조건적인 사랑을 받지 못한 아이는 마음근력 향상은커녕 사회적 부적응자가 될 가능성이 높다. 심지어 두뇌가 제대로 발달하지 않는다는 연구결과도 많다.[11] 실제로 어린아이에게 부모는 자신의 생명과도 같은 존재다. 특히 스트레스가 많은 환경일수록 부모와의 관계의 중요성은 더욱 여실히 드러난다.

1620년 여름 영국을 출발한 메이플라워호는 겨울이 되어서야 대서양을 건너 신대륙에 도착했다. 험난한 항해 끝에 탑승자 중 수십 명이 사망하고 102명이 살아남아 겨우 미국 땅을 밟았지만 대부분은 질병과 영양실조로 지칠 대로 지쳐 있었다. 인디언의 도움이 없었더라면 생존하기 어려울 만큼 열악한 상황이었다. 첫 번째 겨울을 나는 동안 50여 명이 죽고 겨우 절반가량이 살아남았다. 그런데 '이러한 역경을 겪으면서 끝까지 살아남은 사람과 죽은 사람의 차이는 과연 무엇일까?'라는 의문이 대두되었다. 의문에 답하고자 102명의 메이플라워호 순례자 중 생존자와 사망자에 대한 통계를 분석한 연구가 이루어졌다.[12]

이 연구결과를 보면 부모의 존재 여부가 아이의 생존에 결정적인 영향을 미쳤음을 알 수 있다. 즉 엄마나 아빠 중 한쪽이라도 살아남은 경우에는 아이들도 모두 살아남았다. 하지만 부모가 모두 죽거나 없는 아이들은 16명 중 8명이나 죽었다. 할아버지나 할머니 등 다른 친척의 존재 여부는 아이들의 생존에 별다른 영향을 미치지 못했다. 이는 극한의 상황에서도 부모의 사랑이 아이를 살린다는 사실을 명확히 보여준다. 부모의 사랑은 아이를 강하게 하고, 면역력을 증진시키고, 역경을 극복할 수 있는 회복탄력성을 강화한다. 이것이 바로 사랑의 힘이다.

어린아이에게 부모는 자신의 목숨을 좌우할 만큼 소중한 존재이기에, 아이는 본능적으로 엄마와 아빠의 사랑을 받기 위해 노력한다. 가령 아이에게 구구단을 외우라고 윽박지르면 엄마의 사랑을 얻기 위해 속된 말로 목숨 걸고 외우려고 한다. 엄마의 사랑을 얻어야만 살아남을 수 있다는 본능적인 위기의식이 아이들에게는 잠재되어 있기 때문이다. 앞서 얘기한 구구단을 외우려는 어린아이의 얼굴에도 언뜻언뜻 두려움이 스쳐 지나가는 것을 볼 수 있었다. 이 아이의 뇌에 구구단은 엄마의 사랑을 위협하는 공포의 대상으로 각인되었을 것이다. 이 아이가 나중에 수학을 잘하게 될 가능성은 매우 적다. 구구단을 윽박지르듯이 강요하는 엄마는 결국 이 아이로 하여금 수학 공부를 싫어하도록 만드는 원흉이 될 것이다. 지금 수많은 학부모가 부정적 정서를 바탕으로 윽박지르듯이 아이에게 공부를 강요함으로써 공부에 대한 흥미와 관심을 떨어뜨리고 편도체만 계속 활성화시키고 있을 것이다. 아이가 공부를 싫어한다면 그 가장 큰 원인은 공부를 강요하는 부모에게 있음을 깨달아야 한다.

무엇을 가르쳐야 하는가

공부하라고 윽박지르면 아이는 공부를 마치 자신과 엄마 사이를 이간질하는 공포스러운 존재로 느끼게 된다. 공부를 엄마의 사랑을 방해하는 인생 최대의 적으로 간주하는 것이다. 공부는 점점 더 고통스럽고 하기 싫고 짜증나지만, 엄마의 사랑을 얻기 위해 어쩔 수 없이 꾹 참고 해야 하는 일이 되고 만다. 자신이 해야 하는 일에 이처럼 공포에 가까운 혐오감을 갖게 되면, 그 일을 잘 해낼 리 만무하다. 자기가 하려는 일에 대해 습관적으로 부정적 정서를 느끼는 한, 그 일을 잘 해낼 수 없는 것은 당연하다.

공부는 되도록 좋은 기억과 연관되어야 한다. 공부가 부정적 정서를 일으키는 계기가 되어서는 곤란하다. 수학책만 쳐다봐도 짜증나고 부정적인 생각부터 드는 학생은 절대 수학을 잘할 수 없다. 구구단을 외우라고 윽박지르며 강요하는 엄마는 아이에게 공부를 인생 최대의 적으로 각인시키고 있는 것이다. 공부는 하기 싫고 끔찍한 것이라는 생각을 어려서부터 주입시키고 있으니, 결국 아이의 공부를 도와주기는커녕 결코 잘할 수 없도록 엄청난 방해를 하고 있는 셈이다.

당신은 혹시 아이의 성적표를 보고 갑자기 분노를 느낀 적이 있는가? 화가 나긴 했지만 티를 내지 않았으니 괜찮다고 생각하는가? 겉으로 드러내지 않더라도 아이의 성적에 분노를 느낀다면 그 자체가 문제다. 본인은 화를 내지 않았다고 생각할지 몰라도, 아이는 부모의 부정적 정서를 놀랄 만큼 재빨리 알아챈다. 분노를 느끼는 순간, 당신의 분노는 이미 아이에게 전달되었다고 보는 것이 정확하다.

몇 가지 질문에 더 답해보자. 아이에게 공부하라고 짜증 낸 적이 있는가? 공부 안 한다고 화를 내며 야단친 적이 있는가? 성적이나 등수가 오르면 이러저러한 것을 사주겠다고 약속한 적이 있는가? 가기 싫다는 학원을 억지로 보낸 적은? 만약 이러한 질문에 하나라도 그렇다고 답한다면, 당신은 아이의 공부를 돕기는커녕 방해하는 부모일 가능성이 크다.

조금은 가슴 아픈(?) 결론일 수 있지만, 엄마 아빠가 공부를 잘하지 못하면 아이 역시 공부를 못하는 경우가 많다. 이를 보고 흔히 부모의 머리가 나쁘니 아이도 머리가 나빠서 공부를 못하는 것이라고 착각하기 쉽다. 그러나 사실은 공부와 관련해 잘못된 사고방식과 공부에 대한 나쁜 태도를 물려주었기에 아이가 공부를 잘하지 못하는 것이다. 이렇게 말하면 공부는 아이가 스스로 알아서 하는 것인데 왜 부모 탓을 하느냐며 억울함을 토로하는 이들이 있다. 맞는 얘기다. 문제는 많은 부모가 스스로 알아서 공부할 기회조차 주지 않는다는 데 있다. 스스로 공부하는 능력을 키워주기는커녕 아이가 어려서부터 억지로 공부를 강요함으로써 스스로 노력하는 능력을 빼앗아버린다.

부모가 모든 것을 간섭하고 챙겨준 아이, 어려서부터 많은 걸 강제로 시켰던 아이, 처벌과 상을 번갈아가며 많이 받았던 아이, 부정적 정서에 자주 노출되었던 아이는 자기 일을 스스로 해낼 수 있는 '마음의 근력'을 키우기 어렵다. 부모가 이것저것 일일이 간섭하고 시키고 조정해왔기 때문에 자기 삶을 살 기회를 갖지 못한 것이다.

자꾸 넘어져봐야 두 발로 서는 법을 배울 수 있다. 옆에서 계속 손과 팔을 잡아주면, 아이는 영영 혼자 서지 못하는 상태에 머무를 수밖에 없다. 혼자서는 제대로 일어설 수도 없는 아이에게 이제 고등학생이 되었으니 열심히 공부하라고 말하는 것은, 두 발로 혼자 서지도 못하는 아이에게 장거리 달리기를 하라고 강요하는 것과 마찬가지다.

공부를 잘한다는 것의 진짜 의미

'공부를 잘하는 것'이란 과연 무엇일까? 다음 6명의 학생은 모두 공부를 잘한다는 이야기를 듣는다. 과연 이 중 어떤 아이가 '진짜 공부 잘하는 학생'일까? 당신은 자녀가 어떤 아이이기를 바라는가?

- 김이해는 어떤 내용이든 한 번 설명을 듣거나 훑어보면 금방 이해할 정도로 이해력이 뛰어나다.
- 이암기는 어떤 내용이든 한 번 보거나 들으면 모두 기억할 만큼 암기력이 뛰어나다.
- 공벌레는 아주 어려서부터 책을 좋아해서 밥을 먹을 때도 손에서 책을 놓지 않는다.
- 박집중은 먹고 자는 시간 외에는 계속 공부할 정도로 집중

력과 끈기가 뛰어나 늘 책상 앞에 앉아서 공부한다.

- 한선행은 초등학교 5학년 때 이미 중학교 영어와 수학 전 과정을, 그리고 중학교 2학년 때 이미 고등학교 영어와 수학 전 과정을 마스터했다.
- 최일등은 늘 전교 1등을 한다.

6명 모두 다른 의미에서 '공부 잘하는' 아이들이다. 그러나 이 아이들의 특징은 서로 다르다. 각기 다른 능력을 갖고 있다. 김이해가 반드시 암기력이 뛰어나거나 성적이 좋은 것은 아니다. 공벌레라고 해서 집중력이 뛰어난 것도 아니다. 한선행이 곧 최일등이 되라는 법도 없다.

당신의 아이가 이 6명 중 하나가 될 수 있다면 누구를 고르겠는가? 당연히 최일등일 것이다. 뛰어난 이해력으로 아무리 많은 내용을 척척 외운다 해도, 엄청난 선행학습을 통해 모든 과정을 2~3년 먼저 완전히 마스터한다 해도, 학업성취도가 높지 않으면, 즉 성적이 좋지 않으면 아무 소용이 없다. 부모들이 원하는 '진정 공부 잘하는 아이'는 최일등이다.

최일등은 어떤 아이일까? 한마디로 시험 잘 보는 아이다. 물론 최일등은 이해력이나 암기력이나 집중력이 뛰어날 것이다. 그러나 이해력이나 암기력이나 집중력이 전교에서 가장 우수하지는 않을 것이다. 그렇다고 전교에서 가장 오래 공부하는 아이도 아마 아닐 것이다. 공부시간이 가장 긴 아이는 성적이 대개 상위권에 속하지만 최상위권에는 들지 못한다. 이러한 요건은 어느 정도만 갖추어지면 된다. 집중력이나 학습량 이상으로 중요한 것이 바로 '시험을 잘 보는 능력'이다. 시험을 잘 볼 수 있도록 준비하는 능력과, 주어진 시간 내에 시험 문제를 잘 풀어내는 능력은 다르다. 공부를 잘하기 위해서는 이 두 가지 능력을 모두 키워야 한다.

이 책을 통해 내가 강조하고자 하는 핵심은 공부시간을 늘리고, 선행학습을 하고, 더 많이 공부하고, 더 많이 노력을 기울이고, 무조건 더 열심히 한다고 해서 반드시 성적이 오르는 것은 아니라는 점이다. '공부를 잘한다'는 것은 무작정 공부를 많이 한다는 뜻이 아니라, 학업성취도가 높다는 뜻이다. 다른 말로 표현하자면 시험을 잘 본다는 얘기이고, 성취역량이 뛰어나다는 뜻이다. 이 성취역량의 근원이 바로 그릿이다.

냉정하게 말해서 공부를 많이 하는 아이가 공부를 잘하는 것이 아니라, 시험을 잘 보는 아이가 공부를 잘하는 것이다. 공부를 열심히 하는 아이가 공부를 잘하는 것이 아니라, 시험을 보면 100점 맞는 아이가 공부를 잘하는 것이다. 물론 공부를 열심히, 많이 하는 아이가 시험을 잘 볼 가능성이 높다. 그러나 공부를 열심히, 많이 한다고 해서 반드시 성적이 오르는 건 아니다.

속된 말로 무조건 많은 내용을 머릿속에 때려 넣는 것이 능사가 아니라는 말이다. 공부를 잘하려면 투입과 산출이 효율적으로 이루어져야 한다. 즉 그릿을 적절히 발휘하여 공부한 내용을 머릿속에 잘 집어넣고, 이를 시험 때 잘 꺼낼 수 있어야 한다. '투입'은 공부한 내용을 마스터하고 숙달하는 과정이다. 이렇게 투입된 내용을 시험을 볼 때 제대로 꺼내 쓰는 것이 바로 퍼포먼스다.

시험은 제한된 시간 안에 주어진 문제를 해결해야 하는 일종의 퍼포먼스다. 뛰어난 퍼포먼스를 보이려면 오랜 훈련이 필요한 법. 그러나 무조건 훈련을 많이 한다고 해서 반드시 퍼포먼스가 좋아지는 것도 아니다.

세계선수권대회와 올림픽에서 금메달을 딴 김연아 선수를 생각해보자. 김연아 선수는 분명 세계적인 피겨스케이팅 선수들 이상으로 연습을 많이 했을 것이다. 그러나 올림픽에 참가한 많은 선수 중에서 연습량이 가장 많다고 단정할 수는 없다. 아마도 아닐 가능성이 높다. 김연아 선수가 우승할 수 있었던 것은 단지 연습을 많이 했기 때문만은 아니다. 3분 30초 동안의 실제 경기에서 뛰어난 활약을 펼칠 수 있었기 때문이다. 다시 말해 김연아 선수는 올림픽 경기가 열리는 바로 그날, 바로 그 순간에, 대회에 참가한 모든 선수 중에서 가장 훌륭한 퍼포먼스를 펼칠 수 있는 뛰어난 '성취역량'을 갖췄던 것이다. 수년, 아니 평생을 노력한 결과가 단 한 번, 3분 30초간의 퍼포먼스를 통해 결정된다는 엄청난 심리적 부담감을 이겨내고 자신의 역량을 제대로 발휘할 수 있는 그릿이 김연아 선수에게는 있었던 것이다.

김연아 선수에게 필요한 것은 전 세계 관중과 대한민국 국민이 중계방송으로 자신의 경기를 지켜본다는, 즉 타인의 시선에 대한 압박감을 극복할 수 있는 엄청난 '마음근력'이었다. 압박감과 긴장감은 머릿속의 편도체를 활성화해 실수를 유발한다. 다행히 김연아 선수는 주어진 문제에만 집중할 수 있는 그릿을 갖추었기에, 결정적인 순간에 불안감과 긴장감을 이겨내고 자신의 능력을 제대로 발휘할 수 있었다.

다른 종목 역시 마찬가지다. 축구에서 이기려면 선수는 승리에 집착하기보다 공에 집중해야 한다. 시험을 잘 보려면 학생은 시험 보는 순간에는 절대 성적에 집착해서는 안 되며, 시험 문제에만 집중할 수 있어야 한다. 이러한 집중력은 경기 직전, 혹은 시험 직전에 마음먹는다고 해서 갑자기 생기는 게 아니다. 평소 긍정적 정서와 '나는 할 수 있고 더 잘할 수 있다'는 능력성장믿음을 꾸준히 높게 유지해야만 이러한 멘털에너지가 생겨난다. 이것이 바로 그릿의 기반이 된다.

2024년 7월 파리올림픽에서 대한민국 양궁은 사상 최초로 5개 전 종목에서 금메달을 석권했으며, 여자 단체전은 10번째 연속 금메달 획득에 성공했다. 나는 그해 4월부터 3개월간 양궁 대표팀 남녀 선수 6명과 코치진을 대상을 마음근력 훈련을 실시했다. 양궁선수들은 오랫동안 긴장을 완화하는 교육을 받아왔다. 그러나 실전에서 집중력을 향상시키고 수행능력을 향상시키는 훈련을 받은 적은 없었다. 즉 편도체 안정화(편안) 훈련을 받았을 뿐 전전두피질 활성화(전활)의 훈련은 받지 못했던 것이다. 나는 '편안'은 물론 '전활'을 강조하는 훈련법을 가르쳤고, 나아가 "침착하고 차분하게(편안), 즐거운 마음으로(전활), 나는 할 수 있다"라는 자기확언도 가르쳤다. 중요한 일(시험, 면접, 발표, 시합 등)을 앞두고 이 문장을 혼잣말로 반복해서 자기 자신에게 이야기하는 것은 실제로 큰 효과가 있을 것이다.

흔히 똑똑하다, 유능하다, 공부를 잘한다, 일을 척척 잘 해낸다고 하는 것은 성취역량이 높다는 뜻이다. 성취역량 향상이란 어떤 일이든 그 일을 더 잘할 수 있도록 능력을 키우는 것이다. 그릿은 모든 종류의 성취역량과 깊게 관련되어 있으므로, 결국 이 책은 성취역량을 향상시키는 법에 관한 것이다. 어른이든 아이든 자기가 맡은 일을 더 잘할 수 있는 기본 원칙은 동일하지만, 이 책에서는 우선 학생이 공부를 더 잘할 수 있는 법을 다루고자 한다. 보다 정확히 말하자면 아이들이 '공부를 더 잘해서 더 높은 성적을 받을 수 있는' 법이다. 먼저 우리 사회에 널리 퍼져 있는, 공부와 관련된 흔한 오해 몇 가지를 살펴보도록 하자.

첫 번째 오해,
지능과 성적은 유전된다?

나의 오랜 친구 P는 국내 굴지의 대기업 임원이다. 입사 동기 중에서 가장 먼저 임원으로 승진할 만큼 뛰어난 능력을 인정받았다. 그의 아내는 그보다 여섯 살쯤 어린 전업주부다. 학벌은 그리 뛰어나지 않았다. 남편은 서울대 출신인데, 자신은 그리 유명하지 않은 대학 출신이라는 사실에 은근히 열등감을 느끼고 있었다.

이 부부 사이에는 귀여운 외동딸이 있었는데 이름은 소희(가명)였다. 소희가 아주 어렸을 적부터 엄마는 아이 교육에 적극적이었다. 주변에서 들려오는 온갖 사교육 정보에 촉각을 곤두세우며 남들이 하는 것은 빼놓지 않고 다 시켰다. 소희가 네 살이 될 무렵 이미 영어, 수학, 책 읽기, 영재교육원, 미술, 체육, 디자인 등 학원만 일곱 곳을 보낼 정도였다.

소희가 여섯 살이 되면서 초등학교 입학이 임박해오자, 엄마는 아이 교육에 목숨 건 사람처럼 더 극성스럽게 교육에 매달렸다. 소희 아빠 역시 아이 교육에 관심이 많았지만, 아내가 너무 과하다 싶을 정도로 아이에게 많은 걸 시킨다고 생각했다. 부부는 이 때문에 다투기 시작했고 아이 교육을 둘러싼 부부간의 갈등은 나날이 심해져만 갔다.

그러던 어느 날 P가 내게 하소연했다. 아내가 아이 교육에 올인하는 것은 사실 묘한 열등감 때문이라는 것이다. 소희가 초등학교에 들어가 공부를 잘하지 못하면 주변에서 모두들 자기 탓을 할 거라는 게 소희 엄마의 두려움이었다. 남편은 서울대 법대에 들어갈 만큼 머리가 좋으니 만약 아이가 공부를 못한다면 주변 사람들이 모두 머리 나쁜 엄마를 닮았기 때문이라고 생각할 것이라는 지레짐작에, 초조해서 잠을 못 이룰 지경이라는 것이다. 이러한 이유로 아이 교육에 대해 지나치게 예민한 아내를 보며 P는 속상해했다. 소희 엄마는 자기가 공부를 못했던 것은 그저 노느라 안 했던 것이지 머리가 나빠서가 아니라며, 아이만큼은 닦달을 해서라도 강제로 공부를 시키면 될 거라고 굳게 믿고 있었다.

바로 이러한 잘못된 믿음이 문제다. 머리 좋은 애를 다그쳐서 공부를 시키면 성적이 잘 나올 수 있다고 믿는 것은 잘못된 믿음이다. 강제로 시키면 시킬수록 아이의 성적은 장기적으로 떨어지게 마련이지 절대 오를 수가 없다. 소희 엄마가 우선 깨달았어야 하는 사실은 성적이 머리, 즉 선천적 지능에 의해서 결정되지 않는다는 점이다. 소희 엄마가 공부를 잘하지 못했던 것도 아마도 공부에 대한 압박감과 그에 따른 부정적 정서 때문이었을 것이다. 공부를 싫어했으니 아마도 공부를 잘하지 못했을 것이다. 모르긴 몰라도 소희 외할머니나 외할아버지 역시 어릴 적 소희 엄마에게 공부하라고 잔소리깨나 하며 압박했을 것이다. 소희 엄마는 자기가 겪은 공부에 대한 압박감을 아이에게 물려주고 자기가 느꼈을 공부에 대한 스트레스를 더 크게 증폭시켜 물려주고 있었다. 한마디로 소희 엄마는 자신의 어머니가 그랬던 것처럼, 소희의 공부를 방해하고 있는 셈이었다. 결국 소희는 학교 생활에도 잘 적응하지 못하는 열등생이 되어버렸다.

소희네뿐만이 아니다. 많은 부모가 지능이 성적을 좌우하고 지능은 유전적인 것이라 생각한다. 그래서 아이가 공부를 못하면 자신의 지적 능력이 부족하다는 증거라고 믿고 전전긍긍한다. 만일 아이의 성적이 좋지 않다면 자신의 머리가 나쁘다는 사실을 입증하는 것이기에, 자존심에 참을 수 없는 상처를 입게 되는 것이다. 이것이 바로 많은 부모가 자존심을 걸고 아이의 성적을 올리려는 솔직한 이유일 것이다. 더 큰 문제는 자기가 학창 시절에 공부를 못했던 것은 머리가 나빠서가 아니라 단지 노력이 부족했기 때문이며, 자기 아이는 노력만 하면 공부를 잘할 거라고 굳게 믿는다는 점이다. 그래서 공부하라고 강요하고 닦달해보지만, 그럼으로써 오히려 아이의 성적을 끌어내리게 된다.

이처럼 아이의 성적이 선천적인 지적 능력과 직결된다는 허황된 믿음은 아이의 성적에 대한 지나친 집착을 낳게 된다. 혹시 열심히 공부를 시키는데도 아이의 성적이 자꾸 떨어지는가? 다시 한번 강조하지만 이는 결코 당신이 열등한 지능 유전자를 물려줬기 때문이 아니다. 아이에게 공부를 강요하는 당신은 아마도 공부는 재미없고 고통스럽고 힘든 일이라고 믿고 있을 것이다. 모르긴 몰라도 당신이 학창 시절 공부를 썩 잘하지 못했던 것은 노력하지 않고 게으름을 피웠기 때문이라고 생각할 것이다. 그러나 분명 깨달아야 할 것이 있다. 당신은 학창 시절 공부를 '안 했던' 것이 아니라 '못했던' 것일 가능성이 크다. 그냥 게으름을 피운 것이라기보다는 강력한 동기부여가 되지 않았고, 긍정적 정서의 수준도 낮았으며, 마음먹은 것을 끝까지 완수하는 자기조절력도 부족했을 것이다. 당신의 자녀도 마찬가지다. 공부를 열심히 안 하고 있다면, 그저 공부를 안 하는 것이 아니라 당신이 그랬던 것처럼 노력할 수 있는 능력인 그릿이 부족해서 공부를 못하고 있는 상태일 것이다.

스탠퍼드대학의 루이스 터먼 교수는 1921년 자신이 개발한 지능검사를 통해 캘리포니아 일대에서 지능지수가 140이 넘는 천재 초등학생 1528명을 선발해 수십 년 동안 추적조사를 벌였다. 터먼은 이 어린이들이 장차 각 분야에서 성공적인 지도자가 되리라 믿어 의심치 않았다. 그러나 수십 년간의 추적조사 결과, 이 천재들은 성취도에서 평범한 아이들과 그리 다르지 않았다. 판사나 공무원이 몇 명 배출되긴 했지만 그 비율은 평범한 아이들 집단보다 높지 않았다. 오히려 지능검사에서 천재가 아니라고 판명되어 연구 대상에서 제외되었던 아이들 중에서 노벨상 수상자가 2명이나 배출되었다.

40년 뒤 터먼은 자신이 조사한 천재 집단이 평범한 집단과 성취도 측면에서 별반 차이가 없음을 인정하지 않을 수 없었다. 그는 40년 동안의 방대한 연구 끝에 '지능과 성취도 사이에는 별다른 상관관계가 없다'는 결론을 내렸다.

그의 보고서는 1926년부터 1960년대에 이르기까지 거의 40년에 걸쳐 5권의 방대한 분량으로 출간되었다. 책의 제목은 《천재에 대한 유전학적 연구(Genetic Studies of Genius)》이지만, 그가 실제로 어떠한 유전자 분석을 한 것은 아니었다. 터먼 역시 지능은 유전적으로 결정된다는 막연한 믿음을 갖고 있었을 뿐임을, 그의 책 제목이 여실히 보여주고 있다. 문제는 한국의 많은 부모가 지능은 유전에 의해서 대부분 결정된다는, 이미 오래전에 잘못된 것으로 판명된 믿음을 지금도 여전히 당연한 진리로 받아들이고 있다는 것이다.

천재 집단 중에서 그나마 성공적인 삶을 산 아이들과 실패한 아이들의 차이를 찾는다면, 지능이 아니었다. 가장 큰 차이는 바로 '가정환경'이었다. 부모가 자율성을 부여하고 관심을 갖고 사랑과 존중으로 키운 아이들은 성공적인 삶을 살았다. 억압적인 부모나

별다른 관심을 보이지 않고 방치한 부모 밑에서 자란 아이들은 실패한 삶을 산 경우가 많았다.[13]

물론 지능은 성적과 관련이 있다. 그러나 이 관련성은 통계적으로는 유의미할지 모르지만 그 크기를 고려해보면 현실적으로 큰 의미가 없다. 수많은 연구결과를 종합해보면, 학교 성적과 지능 사이의 상관관계는 대략 0.5 수준이다.[14] 이는 학생들의 성적 차이가 지능으로는 약 25%만 설명될 수 있다는 뜻이다. 나머지 75%는 동기부여, 끈기, 자기조절력 등 그릿에 의해 결정된다.[15]

게다가 이러한 통계는 전체 학생 집단을 조사 대상으로 삼은 것이다. 가령 전교 최상위 집단 학생들의 지능은 전교 꼴찌에 가까운 최하위 집단의 지능보다는 높을 가능성이 크다. 하지만 조사 대상을 중상위권 집단으로 한정 짓는다면 어떨까? 전교생 500명 중에서 상위 200명만을 대상으로 지능과 성적의 관련성을 도출한다면, 지능과 성적의 관련성은 더더욱 미미해진다.

다른 측면에서도 지능은 성적을 예측할 수 있는 강력한 요인이 아니다. 여러 연구가 이미 지능보다는 공부에 대한 긍정적 태도와 자신감이 학생의 성적을 훨씬 더 정확하게 예측할 수 있는 요인임을 밝혀냈다.[16] 앞서 살펴본 더크워스 역시 지능보다는 그릿이 성적 향상에 더 큰 영향을 미친다는 사실을 종단연구를 통해 발견한 바 있다.[17]

이러한 연구결과를 종합해보면 결국 지능은 성적에 그리 큰 영향을 미치지 않는다는 사실을 알 수 있다. 만일 늘 전교 꼴찌를 면치 못하는 수준의 지능이라면, 아무리 열심히 노력해도 성적이 최상위권으로 뛰어오르기는 어려울지 모른다. 그러나 지능이 중간 이상만 된다면 성적이 오르지 않는 것은 지능 탓이 아니다. 100등 하는 학생이 10등 이내로 성적을 끌어올리는 것은 지능과는 거의 관계가 없다고 보면 된다. 그러한 성적 향상은 노력하는 능력과 시험을 잘 보는 능력인 그릿에 의해서만 가능하다. 중하위권 대학에 들어가느냐 일류 대학에 진학할 수 있느냐의 여부는 지능이 아니라 그릿에 달렸다는 뜻이다.

아이가 공부를 못하는 건 부모의 머리가 나빠서인가?

"엄마소도 얼룩소, 엄마 닮았네~"라는 동요를 들어봤을 것이다. 얼룩소가 얼룩송아지를 낳는 것은 물론 유전이다. 그렇다면 공부 잘하는 엄마가 공부 잘하는 아이를 두는 것도 유전일까? 아니다. 공부 잘하는 부모를 둔 아이가 공부를 잘하는 것은 그렇게 '태어났기' 때문이 아니라, 그렇게 '길러졌기' 때문이다. 부모는 아이에게 유전자보다 훨씬 더 중요한 것을 제공한다. 바로 정서적 환경이다. 부모 자체가 아이에게는 가장 중요한 환경적 요인이다.

우리 주변에서 흔히 볼 수 있듯, 부모가 공부를 잘하면 아이도 대체로 공부를 잘한다. 이 때문에 공부도 유전이라고 오해하기 쉽다. 물론 부모는 무엇인가를 아이에게 물려준다. 그러나 성적과 관련해 아이에게 물려주는 가장 결정적인 것은 공부에 관한 생각과 태도다. 즉 세대를 넘어 전승되는 것은 지능과 관련된 유전자라기보다는 공부에 관한 생각, 공부하는 방법, 공부에 대한 태도 등 공부와 관련된 사고와 가치관이다. 공부 잘했던 부모는 은연중에 공부를 잘할 수 있는 태도와 정서를 물려준다. 성적은 유전자보다는 환경에 의해 훨씬 더 많이 좌우되며, 부모가 물려주는 것은 공부에 대한 '환경'이다.

이처럼 유전적 요인이 아님에도 불구하고 마치 유전적 요인처럼 보이는 사례는 많다. 엄마가 비만과 당뇨병으로 평생 고생했는데, 아이 역시 어려서부터 비만과 당뇨병을 앓는다면? 아마 당신은 이번에도 "엄마소도 얼룩소~"를 떠올릴 것이다. 그러나 유전이 아니어도 엄마를 얼마든지 닮을 수 있다. 같은 환경에 놓이면 닮을 수밖에 없다. 아이에게 부모는 환경 그 자체이기 때문이다.

네덜란드의 겨울 기근이 우리에게 알려준 것

제2차 세계대전의 막바지였던 1944년 9월. 나치 독일군은 연합

군의 공격으로 수세에 몰렸고, 나치의 지배하에 있던 네덜란드에서는 저항운동이 더욱 거세졌다. 나치는 이에 대한 보복으로 네덜란드에 있는 모든 식량을 독일로 실어 보낸 후, 완전히 봉쇄해버렸다. 외부로부터의 식량 공급이 끊기고 겨울이 닥치자 네덜란드 사람들은 심각한 기근을 겪게 되었다. 이것이 그 유명한 네덜란드의 '겨울 기근(Hongerwinter)' 사건이다. 1945년 5월에 봉쇄가 풀리기까지 불과 몇 달 사이에 약 2만 2000명이 영양실조로 사망했을 만큼 끔찍한 사건이었다.

독일군은 물러갔지만 사건의 여파는 계속되었다. 엄마 뱃속에서 굶주림의 겨울을 보내고 봄이 되어 태어난 아이들은 나중에 여러 가지 질병을 앓게 된다. 임신 3기(임신 마지막 석 달) 동안 엄마 뱃속에서 겨울 기근을 겪고 태어난 아이들은 다른 시기에 태어난 아이들에 비해 고도비만이 되는 확률이 19배나 높았고, 대부분은 당뇨병 등 심각한 대사증후군에 시달렸다. 뿐만 아니라 30년 후 이 아이들이 어른이 되어서 낳은 아이들조차 비만과 당뇨병을 앓는 비율이 여전히 높았다. 대체 이들에게 무슨 일이 일어났던 것일까?

엄마 뱃속에서 겨울 기근을 겪은 태아는 산모가 제대로 먹지 못한 탓에 충분한 영양분을 공급받지 못했다. 이때 태아는 자연히 자신의 주변 환경에 영양분이 충분하지 않다는 사실을 체득하게 된다. 탯줄을 통한 영양 공급이 부족한 상태가 몇 달 동안 지속되면서, 태아의 신체는 영양부족 환경에 적응해간다. 태아의 몸이 절약형 신진대사 시스템을 갖게 되는 것이다. 이는 신체의 각 기관이 영양부족에 대비해 최대한 많은 열량과 염분을 체내에 축적해두는 시스템이다. 예컨대 췌장은 혈액 속에 약간의 당분이라도 남아 있으면 인슐린을 충분히 분비해 이를 지방의 형태로 저장해두려 하고, 콩팥은 혈액 속 염분을 충분히 배출하지 않고 몸에 자꾸 저장해두려는 식이다.

굶주림의 겨울은 수개월 동안만 지속되었고, 곧 풍족한 봄이 찾아왔다. 엄마 뱃속에서 영양부족에 시달리다 태어난 아기들은 다시 충분한 영양을 공급받게 되었다. 하지만 이 신생아들의 몸은 이미 절약형 신진대사 시스템을 갖춘 후였다. 따라서 영양분 공급이 충분해졌음에도 당과 염분을 계속 체내에 축적하려는 경향을 보였고, 그 결과 높은 수준의 비만과 당뇨병을 얻게 된 것이다.[18]

문제는 여기서 끝나지 않았다. 세월이 흘러 비만과 당뇨병 등 대사증후군을 겪던 아이들이 어느덧 자라서 어른이 되고 아이를 임신하게 되었다. 하지만 이들의 몸은 여전히 절약형 신진대사 시스템을 유지하고 있었다. 혈액 속 당분을 최대한 빨아들여 지방으로 축적하고 있었던 것이다. 따라서 보통 산모들보다 혈액 속 영양분이 훨씬 부족했다. 그 결과 이들의 태아 역시 자신의 엄마와 마찬가지로 엄마 뱃속에서 영양이 부족한 환경에 직면하게 되었고, 엄마가 할머니 뱃속에서 그랬던 것처럼 상당한 정도의 절약형 신진대사 시스템을 구축하게 되었다. 결국 이 아이들도 엄마가 그랬던 것처럼 비만과 당뇨병에 걸릴 수밖에 없었다. 절약형 신진대사라는 신체적 특성이 세대를 넘어 할머니로부터 손자손녀들에게까지 영향을 미친 것이다.[19]

비만과 당뇨병을 앓는 엄마에게서 태어난 아이가 자라서 비만과 당뇨병을 앓는다면, 우리는 이를 '유전'이라고 생각하기 쉽다. 그러나 이는 동일한 환경에 따른 특정한 형질의 세대 간 전승일 뿐, 유전자와는 아무런 관련이 없다. 엄마와 아기 모두 영양부족이라는 동일한 환경에 처하면서 비슷한 신체적 반응을 보였고, 그 결과 비슷한 질병을 앓게 된 것뿐이다. 이렇게 유전처럼 보이지만 비슷한 환경 때문에 자식이 부모의 성향을 닮게 되는 경우가 많다.

성적 역시 마찬가지다. 부모는 아이에게 지능과 관련된 유전자를 물려준다기보다는, 공부에 대한 사고방식이나 삶의 태도를 물려줌으로써 아이의 성적에 결정적인 영향을 미친다. 공부를 잘했던 부모는 공부를 잘할 수 있게 하는 긍정적 사고방식과 적극적인 삶의 태도를 아이에게 물려주고, 아이는 그러한 사고방식과 삶의 태도를 받아들여 부모와 마찬가지로 공부를 잘하게 되는 것이다.

만일 당신이 공부를 썩 잘하지 못했다면, 공부에 대한 편견을 갖고 있거나 공부는 재미없고 고통스러운 것이라는 부정적인 생각을 하고 있을 가능성이 높다. 만약 아이가 당신보다 훨씬 더 공부 잘하기를 바란다면, 당신이 지닌 공부에 관한 잘못된 관념을 강요하거나 물려줘서는 안 된다. 이 책을 통해 공부에 관한 사고방식을 완전히 바꿀 수 있기를 바란다. 만일 그것이 어렵다면 아이에게 잘못된 방식으로 공부를 강요하지 말고 차라리 그냥 내버려두기 바란다. 그래야 적어도 아이의 공부를 방해하지는 않을 테니까.

스트레스도 유전될 수 있다

유전적인 영향이 아닌데 마치 유전적인 영향처럼 보이는 또 다른 경우가 바로 스트레스와 불안장애다. 두려움, 불안, 짜증, 압박감 등의 스트레스를 받으면 편도체가 활성화되고 글루코코르티코이드(glucocorticoid)라는 스트레스 호르몬이 분비된다. 높은 수준의 스트레스 호르몬에 계속 노출되면 불안장애나 우울증이 유발될 가능성이 높아질 뿐 아니라 기억력과 학습능력마저 저하된다. 편도체 활성화는 필연적으로 전전두피질의 기능을 전반적으로 떨어뜨리기 때문이다. 아이에게 스트레스는 노력하는 능력과 시험 잘 보는 능력을 모두 저하시킨다.

우리나라 청소년의 자살률은 세계 최고 수준인데, 자살의 가장 큰 이유가 우울증이다. 흔히 성적이 떨어져서 우울증에 걸리는 것처럼 얘기하는데 사실은 그 반대다. 스트레스 때문에 편도체가 활성화되고, 우울증과 학습장애, 기억력과 집중력 감퇴 등이 생겨나서 성적이 떨어지는 것이다. 성적 저하는 우울증의 원인이기보다는 결과다. 성적이 올라야 스트레스가 해소되고 우울증이 낫는 것이 아니라, 반대로 스트레스가 사라져야 우울증이 없어지고 성적도 오를 수 있다. 성적이라는 학업성취도는 일정한 퍼포먼스의 결과다. 그러한 퍼포먼스를 잘 해내려면 우선 몸과 마음이 모두 건강해야 한다.

같은 자극에 대해서도 스트레스를 많이 받는 사람이 있는가 하면, 그렇지 않은 사람이 있다. 체질적으로 스트레스 레벨이 높은 사람은 혈중 스트레스 호르몬의 양이 많다. 엄마가 스트레스 수준이 높으면 아이도 그럴 가능성이 높다. 이 역시 유전적 영향이라기보다는 동일한 환경의 전승이다.

과다한 스트레스에 노출된 산모가 있다고 하자. 산모가 평균 이상의 스트레스를 계속 받게 되면 혈액 속 스트레스 호르몬의 수치는 계속 높은 상태로 유지된다. 태아는 산모의 스트레스 호르몬의 영향으로 뇌의 발달이 전반적으로 저조해진다. 출생 후 학습능력과 기억력이 저하될 뿐 아니라, 불안장애를 앓게 되는 경우도 많다. 특히 산모의 스트레스 호르몬에 많이 노출된 태아는 스트레스 호르몬을 조절하는 뇌 부위가 더욱 작아지고 기능이 약화된 채 태어난다. 결국 이런 아이는 다른 사람보다 더 높은 수준의 혈중 스트레스 호르몬을 유지하게 된다. 나중에 이 아이가 성인이 되어 임신을 하면, 그 태아 역시 높은 수준의 스트레스 호르몬에 노출되어 자신의 엄마와 마찬가지로 스트레스 호르몬을 조절하는 뇌 부위가 작게 태어난다. 따라서 신경질적이고 불안장애에 시달리는 산모는, 자기처럼 신경질적이고 불안장애에 시달리는 아이를 낳을 확률이 높다. 겉으로는 유전적인 영향처럼 보이지만, 유전이 아니다. 앞서 살펴본 네덜란드 겨울기근을 겪은 비만 및 당뇨병 환자들과 매우 비슷한 경우다.

그럼에도 스트레스와 불안장애에 시달리는 산모가 스트레스와 불안장애를 가진 아이를 낳는 것이 전적으로 환경의 전승 때문인지, 아니면 유전적인 요소도 일부 작용한 것인지에 대한 의문은 여전히 남는다. 이러한 의문을 일거에 해결해준 것이 마이클 미니 교수가 이끄는 맥길대학 연구팀이다. 그들은 임신 중인 어미 쥐의 배를 갈라서 태아 쥐들 중 일부를 꺼내어 다른 어미 쥐 뱃속의 태아들과 교환해 이식하는 실험을 했다.[20]

정교한 수술 덕분에 어미가 바뀐 태아 쥐들은 임신기간을 다 채우고 건강하게 태어났다. 이식된 쥐들은 서로 다른 유전자를 가졌지만, 엄마의 태반이라는 '환경'을 공유하게 된다. 유전적으로 불안증을 지닌 어미 쥐의 유전자를 물려받았지만 정상 어미 쥐의 태반으로 이식된 쥐는 태어난 후 불안증세를 거의 보이지 않았다. 반면 유전적으로 정상인 어미 쥐에게서 불안증이 있는 산모 쥐에 이식되어 태어난 쥐는 높은 수준의 불안증을 보였다. 태아가 훗날 스트레스와 불안증에 시달릴지의 여부는 유전자가 아니라 임신기간 중 엄마 뱃속에서 얼마만큼 스트레스 호르몬에 노출되었느냐에 달렸음을 결정적으로 보여준 실험이었다.

그렇다면 과연 어떤 쥐가 스트레스를 많이 받고 정서불안을 보이는 것일까? 이는 어미 쥐의 양육방식과 밀접한 연관이 있음이 밝혀졌다. 신기하게 쥐도 인간과 마찬가지로 자기 나름의 양육방식에 따라 새끼를 키운다. 어떤 어미 쥐는 새끼를 자주 핥고 쓰다듬는(licking and grooming) 버릇이 있다. 이러한 어미에게서 자란 새끼 쥐는 정서적으로 안정되어 있으며, 체내 스트레스 호르몬의 수치가 낮고 불안장애도 보이지 않았다. 학습능력과 기억력이 뛰어나 '미로 찾기' 등 여러 과제를 잘 수행해냈다. 반면 새끼를 잘 보살피지 않고, 거의 핥거나 쓰다듬지도 않는 어미의 새끼 쥐는 체내의 스트레스 호르몬 수치가 높았으며 불안장애를 보였다. 또한 학습능력과 기억력도 현저하게 낮았다.

새끼 쥐를 쓰다듬고 애정을 표현하는 것은 뇌 발달에 결정적인 영향을 미친다. 실험실의 연구원들이 갓 태어난 새끼 쥐를 어미 쥐로부터 격리한 후 일부 쥐만 매일 일정 시간 쓰다듬어주었더니, 이러한 스킨십을 받은 쥐는 그렇지 못한 쥐에 비해 스트레스 호르몬의 수준이 훨씬 낮았고, 뇌도 더 발달했으며, 기억력과 학습능력도 높았다. 어미의 손길과 사랑, 핥아주고 쓰다듬어주는 행동은 쥐뿐 아니라 원숭이의 뇌 발달과 학습능력 향상에도 결정적인 영향을 끼친다는 것이 여러 연구를 통해 밝혀졌다.

아이가 공부 잘하기를 원하는 것은 부모로서 당연한 마음일 것이다. 그렇다면 어려서부터 엄마 아빠의 사랑을 느끼게 해주어야 한다. 따뜻함과 포근함, 긍정적 정서를 끊임없이 느끼게 하는 것은 아이의 회복탄력성과 그릿 형성에 결정적으로 중요하다. 부모의 따뜻한 애정 표현과 정서적인 교감은 아이의 뇌 발달을 위해 꼭 필요하다.[21]

반면 아이에게 화를 자주 내거나 부정적 감정을 표출하는 것은 아이의 뇌 발달에 치명적인 악영향을 끼친다. 부모라면 누구나 아이에게 제발 공부 좀 열심히 하라며 짜증 낸 기억이 있을 것이다. 그럴 때마다 아이의 학습능력의 근간은 한 단계씩 저하된다고 보면 된다. 아이 앞에서 심하게 부부싸움을 한다면? 아이는 불안감과 공포심에 휩싸이게 될 것이고, 당연히 학습능력도 현저하게 저하될 것이다. 분노나 공포, 불안, 짜증 등 부정적 정서는 단순히 학업성취도만 떨어뜨리는 것이 아니라 아이의 몸과 마음을 망친다. 게다가 전염성도 강하다. 그 부정적인 영향은 아마 당신의 손자손녀에게까지 전해질 거라고 앞에서 살펴본 많은 연구결과가 경고하고 있다.

두 번째 오해,
지능은 평생 변하지 않는다?

공부와 관련된 두 번째 오해는 지능은 생물학적으로 유전되므로 평생 변하지 않을 것이라는 믿음이다. 마치 자동차 엔진의 출력이 처음부터 정해져 있는 것처럼 말이다. 자동차 엔진은 출고될 당시부터 그 성능이 이미 정해져 있다. 언제 어디서 시동을 걸어도 항상 비슷한 성능을 발휘한다. 그러나 인간의 지능은 그렇지 않다. 인간의 지능은 평생 '고정불변'의 것이 아니다. 인간의 지적 능력은 자신의 신념, 감정상태, 동기부여 등에 따라 크게 달라진다.

켈빈 에드룬트는 실험을 통해 간단한 동기부여만으로도 아이들의 지능지수를 획기적으로 향상시킬 수 있음을 발견했다.[22] 우선 그는 5~7세의 어린이 79명을 대상으로 지능검사를 실시했다. 그러고는 7주 후에 이 아이들을 무작위로 두 그룹으로 나누어 다시 한번 비슷한 지능검사를 실시했다. 그런데 이번에는 한쪽 그룹 아이들에게만 맞히는 문제 하나당 엠앤엠즈 초콜릿을 하나씩 주기로 약속했다. 초콜릿의 달콤함을 맛보고 싶은 이 그룹의 아이들은 다른 그룹 아이들에 비해 지능지수가 무려 12점이나 높게 나왔다. 7주 만에 지능지수가 갑자기 향상될 리는 없으니, 초콜릿을 받고 싶다는 '동기'가 아이들의 지능지수를 획기적으로 끌어올렸다고 볼 수밖에 없다.

또 다른 연구에서는 지능지수가 평균 이하로 나온 아이들에게 마찬가지로 문제 하나를 맞힐 때마다 엠앤엠즈 초콜릿을 주겠다고 하자, 이 아이들의 평균 지능지수가 79에서 97로 껑충 뛰었다.[23] 이러한 연구결과는 지능이 낮다고 평가된 많은 아이가 능력을 충분히 발휘하도록 동기부여가 안 된 것일 뿐, 사실은 머리가 나쁜 것이 아닐 가능성이 높다는 것을 암시한다. 어쨌든 지능검사는 이처럼 아이의 기분과 동기부여 상태에 따라 천차만별로 달라질 수 있으므로, 지능지수를 고정불변의 점수로 받아들여서는 안 된다.

능력성장믿음 vs. 능력불변믿음

지능 변화에 대해 본격적인 연구를 해온 스탠퍼드대학의 캐럴 드웩 교수도 지능이 얼마든지 변할 수 있음을 증명했다. 그는 인간의 지능은 자신의 능력에 대해 어떠한 '믿음'을 갖고 있느냐에 따라 변화한다고 역설한다. 사람들은 보통 자신의 지능이나 능력에 대해 일정한 믿음을 갖고 있다. 이러한 믿음은 크게 두 가지로 나눌 수 있는데, 하나는 '능력불변믿음(fixed mindset)'이다. 자신의 지능과 능력은 이미 일정한 수준으로 정해져 있고, 따라서 노력해도 변하지 않는다고 믿는 것이다. 아이의 성적이 유전적 지능에 의해 결정된다고 믿는 수많은 우리나라 학부모의 대표적인 고정관념이 바로 이 '능력불변믿음'에 해당한다. 다른 하나는 '능력성장믿음(growth mindset)'인데, 이는 노력 여하에 따라 지능이나 능력이 얼마든지 향상될 수 있다고 믿는 것이다.

드웩 교수팀은 중학교 1학년 학생들을 대상으로 능력에 관한 믿음이 성적에 미치는 영향을 조사했다. 먼저 자신의 능력에 대해 어떠한 믿음을 갖고 있는지 검사한 다음, 2년 동안 이들을 추적조사한 것이다. 그 결과 능력성장믿음을 갖고 있던 아이들은 실제로 성적이 2년 동안 계속 향상되었다. 반면에 능력불변믿음을 갖고 있던 아이들은 성적이 제자리걸음이거나 약간 떨어졌다.[24]

능력에 관한 이러한 믿음은 선천적인 것이 아니다. 이것은 일종의 신념체계이기 때문에 대화를 통해 은연중에 부모로부터 자녀에게 전달된다. 만약 당신이 '지능은 변하지 않는 고정된 것'이라는 믿음을 갖고 있다면, 당신의 자녀도 그러한 능력불변믿음을 받아들일 것이 거의 확실하다.

"너는 참 머리가 좋구나", "너는 참 똑똑하구나"라고 말하는 것은 능력불변믿음을 심어주는 대표적인 경우다. 이러한 칭찬을 듣고 자라는 아이는 자신의 지능이 노력과는 상관없이 선천적으로 주어진 것이고, 자기는 왠지 머리가 좋은 사람으로 태어났다는 믿음을 키워간다. 지능이나 능력을 칭찬하는 것은 듣기에는 좋을지 몰라도, 사실은 매우 부정적인 결과를 초래할 수 있다. 아이에게 능력성장믿음을 심어주려면 지능이나 결과보다는 노력이나 과정에 대해 칭찬해주어야 한다.

드웩은 초등학교 5학년 학생들을 대상으로 또 다른 실험을 했다.[25] 비슷한 수준의 아이들을 무작위로 두 그룹으로 나눠 레이븐의 표준도형 지능검사 문제를 풀게 한 후, 한 그룹에는 "이렇게 잘 푼 것을 보니 너는 참 머리가 좋은 것 같다"라고 칭찬해주었다. 이러한 언급은 문제해결 능력이 지능에 달려 있다는 것을 암시하기 때문에 능력불변믿음을 강화한다.

또 다른 그룹에는 "이렇게 문제를 잘 푼 것을 보니 참 열심히 노력했겠구나" 하며 노력과 과정을 칭찬해주었다. 이러한 언급은 능력성장믿음을 전제로 한 것이다. 노력했으니까 이렇게 잘했다, 더 노력하면 더 잘할 수 있다는 믿음을 암시하기 때문이다.

이렇게 각각 다른 종류의 칭찬을 해준 후, 아이들에게 다음 단계의 문제를 고르도록 했다. 이때 하나는 쉬운 문제이고 다른 하나는 어려운 문제라는 것을 알려주었다. 머리가 좋다고 칭찬받은 아이들은 대부분 쉬운 문제를 선택했다. 반면 노력에 대한 칭찬을 받은 아이들은 어려운 문제를 고른 비중이 훨씬 높았다. 어째서 머리가 좋다고 칭찬받은 아이들이 오히려 더 쉬운 문제를 선택한 것일까?

머리가 좋다고 칭찬받은 아이들은 혹시라도 어려운 문제에 도전했다가 실패하면 머리가 나쁘다는 이야기를 들을까봐 두려운 나머지 더 높은 단계에 도전하기를 꺼렸던 것이다. 자신이 머리가 좋다는 사실을 계속 입증하고 싶은 나머지 어려운 문제에 대한 적극적 도전성이 약화된 것이다. 반면 노력을 칭찬받은 아이들은 그러한 두려움 없이 훨씬 더 적극적으로 어려운 문제에 도전했다.

다음에는 두 그룹 모두에게 거의 풀기 불가능할 정도로 어려운 문제를 내주었다. 학생들은 모두 실패했다. 이렇게 한 번씩 실패를 맛보게 한 후에 맨 처음에 풀었던 수준의 쉬운 문제를 다시 풀게 했다. 이때 머리가 좋다는 칭찬을 듣고 능력불변믿음이 강화된 아이들은 처음 풀었을 때보다 오히려 낮은 점수를 받았다. 한 번 실패하고 나니 자신의 머리가 좋은 게 아닐지도 모른다는 의심이 든 나머지 스스로 문제풀이 능력을 낮게 평가하게 된 것이다. 그런 의심은 실제 문제풀이 능력마저 저하시켜 원래 풀 수 있었던 수준의 문제조차 제대로 풀지 못하게 했다. 반면 노력을 칭찬받아 능력성장믿음이 강화된 아이들은 처음보다 더 높은 점수를 받았다. 능력성장믿음을 지니게 된 아이들은 어려운 문제를 풀지 못했다고 해도 자신의 능력을 의심하지 않았다. 이 아이들은 실패를 겪고 난 뒤에 오히려 더 문제풀이 능력이 향상되었다.

한편 이 아이들에게 자신의 점수를 스스로 채점해서 보고하라고 했더니 더욱 흥미로운 결과가 나왔다. 머리가 좋다고 칭찬받은 아이들 가운데 상당수가 점수를 부풀리고 과장하는 등 거짓말을 한 것이다. 점수를 부풀려서 보고한 아이들의 비율은 노력을 칭찬받은 그룹보다 무려 세 배 더 많았다. 그들은 점수가 곧 지능을 나타낸다고 믿었기에, 자신의 머리가 나쁘다는 사실을 인정하기가 매우 힘들었던 것이다. 그러나 노력과 과정을 칭찬받았던 아이들은 점수는 노력의 결과일 뿐 지능과는 상관이 없다고 믿었기 때문에, 솔직하게 점수를 말할 수 있었다.

단 한 번의 칭찬을 어떤 식으로 하느냐에 따라 아이들의 수행 능력이 대폭 달라진다는 것을 보여주는 이러한 연구결과는 부모가 아이의 지능에 대해 어떠한 믿음을 갖고 있느냐에 따라, 그리고 아이의 성적에 대해 어떠한 칭찬 또는 비난을 하느냐에 따라 아이의 능력이 엄청나게 달라질 수도 있음을 보여준다. 드웩은 실제로 교육을 통해 능력에 대한 믿음을 변화시킬 수 있다는 사실도 입증했다. 드웩 교수와 그의 동료들은 중학교 1학년 학생들을 대상으로 지능이 변할 수 있다는 내용의 교육을 실시했다. 이러한 능력성장 믿음에 관한 교육을 받은 학생들은 그렇지 않은 학생들에 비해 학업에 대한 흥미도와 동기부여가 향상되었을 뿐 아니라 성적도 훨씬 더 좋아졌다.[26]

능력불변믿음을 지닌 사람의 뇌와 능력성장믿음을 지닌 사람의 뇌는 작동 방식이 다르다는 뇌 영상 연구결과도 있다. 능력불변믿음을 가진 사람의 뇌는 자신이 몇 점을 받았는지, 다른 사람과 비교해서 얼마나 잘했는지에 대한 정보가 주어질 때 가장 예민하게 반응하고 활성화된다. 따라서 이들은 결과에 집착하고 항상 자신을 남들과 비교하려 든다. 반면 능력성장믿음을 지닌 사람의 뇌는 주어진 문제를 어떻게 하면 더 잘 풀 수 있는지에 대한 정보에 가장 민감하게 반응하고 활성화된다. 따라서 이들은 과정에 더 집중하며, 문제를 잘 풀거나 일을 더 잘하는 것 자체에 훨씬 더 관심을 가진다.[27]

어떠한 일에 실패하거나 역경이 닥쳐왔을 때, 혹은 원하는 결과가 나오지 않았을 때, 능력불변믿음을 가진 사람은 자신의 이미지를 보호하고 유지하기 위해 재도전을 얼른 포기하는 경향이 있다. 한번 해보고 안 되면 움츠러들고 마는 것이다. 결국 성취의 원동력인 열정과 끈기를 발휘할 수 없다. 반면 능력성장믿음을 가진 사람은 실패를 성장의 과정으로 받아들인다. 해봐서 안 되면 스스로를 돌이켜보고 새로운 방법을 시도하며 끊임없이 적극적으로 달려든다. 능력성장믿음은 사람들에게 강력한 동기부여와 함께 열정과 끈기를 선사한다. 능력성장믿음이 그릿의 중요한 요소가 되는 이유다.

뿐만 아니라 드웩은 의지력의 고갈 역시 의지력의 양이 고정되어 있다는 관념의 반영일 뿐이라고 주장한다. 그는 일련의 실험을 통해 능력성장믿음을 지닌 사람들의 의지력은 쉽게 고갈되지 않는다는 것을 입증하기도 했다.[28] 이러한 결과는 비단 학생들에게서만 발견되지 않는다. 회사의 임원과 경영진이 능력성장믿음을 가질수록 직원들의 성취도가 향상된다는 경영학 연구도 적지 않다.

이처럼 능력성장믿음은 한 인간의 능력을 향상시키고 발전시킬 가능성을 훨씬 더 높여준다. 아이가 공부를 잘하길 바란다면 다음 두 가지를 실천하자. 첫째, 아이의 재능과 능력을 칭찬하기보다 노력과 과정을 언급하는 습관을 들이자. 무심코 던지는 한마디가 아이에게 능력불변믿음을 심어줄지도 모르니 주의해야 한다. "너는 아빠를 닮아서 머리가 좋은가 보다", "너는 엄마 닮아서 참 똑똑하구나" 같은 칭찬은 매우 해로운 것임을 잊지 말아야 한다. 늘 노력과 과정을 칭찬하라. "이렇게 해낸 걸 보니 참 열심히 했나 보구나", "꾸준히 했나 보네", "집중해서 했구나" 등의 칭찬을 해야 한다. 둘째, 무엇보다도 아이의 능력이 성장할 수 있다는 사실을 굳게 믿자. 부모부터 능력성장믿음을 지녀야 아이도 그 영향을 받게 된다.

일부러 공부하지 않는 아이들

머리가 좋다는 칭찬 한마디가 뭐 그리 대단하냐고 생각할지도 모르겠다. 하지만 지능에 대한 칭찬이 불러오는 파장은 의외로 크다.

어려서부터 아이의 지능을 계속 언급하면서 "우리 아이가 머리는 참 좋아요", "우리 아이는 똑똑해요", "우리 아이는 영재예요"라는 식으로 계속 칭찬한다면, 아이들은 스스로의 유능감을 보존하기 위해 '자기불리화(self-handicapping)'를 할 가능성이 높다. 특히 어릴 적부터 똑똑하네, 영재네, 하는 소리를 듣고 자란 아이일수록 자라면서 자기불리화에 빠질 가능성이 높다. 자기불리화란 자신에 대한 평가가 걸린 중요한 퍼포먼스를 앞두고 스스로에게 불리한 조건을 만드는 것이다.

공부를 안 하는 대부분의 아이들이 그냥 공부하기가 싫고 노는 것이 편해서 공부를 안 한다고 생각하면 큰 착각이다. 아주 철이 없고 어리다면 그럴 수도 있다. 그러나 아이들은 초등학교 고학년만 되어도 시험이 다가오는데 공부를 안 하는 상태를 매우 괴로워한다. 도덕적으로는 죄책감마저 느낀다. 차라리 공부하는 것이 마음도 편하고 더 기분 좋다는 사실을 안다. 그러나 아이들은 불안함과 죄책감을 느끼면서도, 공부를 안 한다. 공부를 안 하는 것이 더 고통스럽고, 공부를 안 하면 성적이 떨어질까봐 두려운데도 공부를 안 한다. 도대체 어째서일까?

사람의 욕구 중에서 가장 기본적인 것이 자아존중의 욕구다. 쉽게 말해 스스로를 가치 있는 인간이라 여기고 싶은 마음이다. 한마디로 자존심이자 자기존재 가치에 대한 확신이다. 아이들이 정말 두려워하는 것은 주변에서 자신을 무능력하다고 평가하는 것이다. 부모님, 선생님, 가까운 친구들이 속으로 나를 바보라고 비웃을지도 모른다는 두려움은 가히 엄청나다. "이번에는 공부를 열심히 했는데 성적이 오르지 않는다면 나는 바보임에 틀림없어"라는 두려움은 상상을 초월한다.

시험은 점점 다가오는데 당신의 자녀가 갑자기 시험공부를 내팽개치고 게임이나 채팅 등 다른 일에 몰두하기 시작한다면, '자기불리화'를 하고 있는 것이 거의 분명하다. 특히 아이가 시험을 잘 볼 때마다 "너는 머리가 참 좋구나, 역시 똑똑해. 엄마(아빠) 닮아서 머리가 좋아"라는 식의 칭찬을 해왔다면, 반대로 시험을 못 봤을 때는 다른 아이와 비교하면서 자존심에 상처 입히는 이야기를 하거나 능력 부족을 탓한 적이 있다면, 아이는 다양한 자기불리화의 행동을 보일 가능성이 매우 높다.

자기불리화를 하는 아이는 시험이 다가오는데도 의도적으로 공부하기를 회피한다. 일부러 시험 전날 밤늦게까지 친구들과 놀거나, 자꾸 딴짓을 하거나, 밤새 친구들과 카톡을 하거나 온라인 게임을 하는 식이다. 이러한 행동은 의도적이라기보다 자기도 모르게 무의식적으로 행해지는 것이 대부분이다. 이러한 상태에 빠진 아이는 왠지 집중을 못하고 불안해하면서 책상 앞에 앉기조차 싫어하고 책을 펴지도 않고 자꾸 딴짓만 하게 된다. 그리고 그러한 자신의 모습을 보며 좌절감과 죄책감을 동시에 느끼고, 부정적 정서 때문에 자기불리화를 더욱 강화하는 악순환에 빠진다.

자기불리화의 무의식적인 목적은 다음날 시험을 망칠 수밖에 없는 합리적인 이유를 미리 만드는 것이다. 열심히 공부했는데 시험을 못 봤다면 정말 무능하다는 취급을 받겠지만, 쿨하게(?) 친구들과 노느라 공부를 안 해서 시험을 못 본 거라면 적어도 무능하지는 않다고 스스로 합리화할 수 있기 때문이다. 자기불리화는 자신이 무능하지 않음을 스스로에게 증명하는, 일종의 무의식적인 자기합리화다. 자기불리화는 다른 사람에게 보여주려고 하는 것이 아니다. 스스로에게 "나는 공부를 안 해서 시험을 못 봤을 뿐이야. 머리가 나쁘고 능력이 없어서가 아니야"라는 말을 해주고 싶어서 무의식적으로 발동하는 방어기제다.

마틴 커빙턴의 '자기가치이론(theory of self-worth)'에 따르면 학생들이 높은 성적을 받고자 하는 가장 큰 동기는 긍정적인 셀프이미지를 유지하기 위해서다.[29] 다른 사람들에게 똑똑해 보이고 가치 있는 인간으로 대접받고 싶은 것이다. 이러한 긍정적 셀프이미지가 시험을 망침으로써 한순간에 날아간다면? 학생들이 가장 두려워하는 것이 바로 이것이다. 자신의 가치에 대한 좌절, 주변 사람들이 보내는 경멸과 무시는 그 어떠한 처벌이나 협박보다 무섭게 느껴진다. 자신에 대한 긍정적 이미지를 유지하기 위해 학생들은 어떤 짓이라도 할 마음의 준비가 되어 있다. 특히 타인의 시선과 평가에 지극히 예민한 사춘기 청소년이라면 더욱더 그러하다. 청소년에게 자신의 긍정적 이미지는 존재 가치와도 직결된다. 자신이 존재할 가치가 없다고 느끼는 순간 우울증에 걸리고, 때로는 옥상에서 뛰어내리고 싶은 충동마저 느낀다.

이러한 두려움에 맞서기 위해 아이들이 취할 수 있는 전략은 두 가지다. 하나는 '자기방어전략'이다. 스스로에게 "나는 바보가 아니야"라고 말해줄 수 있기를 원하는 것이다. 다른 하나는 '자기제시전략'이다. 다른 사람들에게 무능력한 인간으로 보이지 않길 원하는 것, 즉 바보나 멍청한 놈이라고 취급받을 가능성을 없애는 것이다. 자기불리화는 이 두 가지 전략을 동시에 실행에 옮기는 것이다. 학생들은 상대적으로 약한 단점(예컨대 시험 때 긴장하고 불안해하는 것)을 드러내기도 하는데, 이는 더 크고 결정적인 단점(무능하고 바보스러운 것)을 감추려는 무의식적인 전략이다. 학생들이 드러내놓고 시험 전에 놀러 다니거나 게임에 몰두하는 것도 물론 자기불리화의 일종이다.[30]

자기불리화는 노력과 능력을 구별할 수 있는 나이가 되어야 가능하기 때문에, 어린 초등학생에게서는 잘 나타나지 않으며 초등학교 고학년 이상, 특히 중학생에게서 가장 흔하게 볼 수 있다. 실제 여러 연구들이 초등학교 5학년[31], 중학교 1학년[32], 중학교 2학년[33]의 연령대에서 자기불리화가 폭넓게 발생한다는 것을 확인했다.

그렇다면 아이들이 자기불리화에 빠지지 않으려면 어떻게 해야 할까? 대부분의 연구에서 공통적으로 발견된 자기불리화의 가장 큰 원인은 바로 자신의 능력에 대한 낮은 평가였다. 유능감과 자신감이 부족할수록, 능력불변믿음이 강할수록, 그리고 자기중심적 학업목표를 가질수록 자기불리화에 빠질 가능성이 높았다.

학생의 학업목표는 크게 두 가지로 볼 수 있다. 하나는 '자기중심적 목표(ego-oriented goal)'로, 항상 주변의 다른 학생들보다 더 잘하는 데 일차적인 목표를 두는 것이다. 다른 하나는 '배움중심적 목표(learning-oriented goal)'인데, 스스로 몰랐던 것을 깨우치고 배우는 내용 자체에 더 큰 관심을 갖는 것이다. 연구결과에 따르면 자기중심적 목표를 지닌 학생일수록 자기불리화에 빠질 가능성이 더 높다.[34]

따라서 자기불리화를 예방하기 위해서는 어려서부터 노력과 과정을 칭찬함으로써 능력성장믿음을 키워줘야 하고, 아이의 유능감과 자신감이 충분히 자랄 수 있도록 해야 한다. 또 주변의 다른 아이와 비교하는 습관을 버리고, 과제 자체를 더 잘하는 것을 일차적인 목표로 삼는 습관을 들이도록 유도해야 한다. 한편 여학생보다는 남학생이 자기불리화에 빠질 가능성이 훨씬 더 높다는 연구결과도 있으니 남학생을 둔 부모는 특히 더 주의해야 한다.

남학생이 여학생보다 수학을 잘하는 이유

지금까지 학생들의 성적을 결정하는 것은 지능이나 능력 자체가 아니라, 지능이나 능력에 대한 스스로의 믿음임을 살펴보았다. 한

가지 더 강조하고 싶은 점이 있다. 능력성장믿음이나 능력불변믿음은 단지 개인 차원에 그치지 않는다는 것이다. 우리 사회 전체에 미신처럼 퍼져 있는 잘못된 믿음들은 아이들의 능력 향상에 큰 장애 요인이 되고 있다. 대부분의 사람들이 지능이 성적을 결정하고 지능은 변하지 않는다는 그릇된 믿음을 미신처럼 신봉하고 있으면, 아이나 부모 역시 그 영향에서 자유로울 수 없기 때문이다. 남학생이 선천적으로 여학생보다 수학을 더 잘한다는 사회적 통념도 대표적인 편견이다. 실제로 여학생이 수학을 못하기 때문에 그러한 편견이 생긴 것이 아니라, 반대로 그러한 편견 때문에 여학생들의 수학 성적이 낮아진 것이다. 이는 과학적으로 입증된 사실이다.

미국 존스홉킨스대학의 커밀라 벤보(Camilla Benbow)와 줄리언 스탠리(Julian Stanley)는 1980년 〈사이언스〉에 남학생이 여학생보다 수학을 잘하는 것은 선천적이고 생물학적이라는 주장을 담은 논문을 발표했다.[35] 그들은 4만여 명의 미국 학생들을 조사한 방대한 데이터를 근거로, 남학생과 여학생의 수학 성적이 현저하게 차이가 난다는 사실을 증명해 보였다. 남학생과 여학생 모두 어려서부터 동일한 수학 교재를 가지고 동일한 내용을 동일한 시간 동안 배우는데, 이처럼 현저하게 차이가 나는 것은 생물학적인 이유 때문이라는 것이다. 모든 조건이 같은데 수학 점수가 다르니 남녀의 유전적 차이로 해석할 수밖에 없다는 것이 그들의 주장이었다.

데이터는 너무도 명백해 보였다. 남학생과 여학생이 같은 교육 시스템에서 같은 교재로 같은 교육을 받았음은 아무도 부인할 수 없었고, 남녀 간의 수학 점수는 역시 현저하게 차이가 나서 누구도 반론을 제기하기 힘들어 보였다. 게다가 가장 권위 있다고 알려진 과학 학술지 〈사이언스〉에 실린 논문 아니던가.

〈사이언스〉 역시 이 연구결과에 대해 '수학과 성: 여자는 수학 능력이 부족한 채 태어나는가?'라는 내용의 보도자료를 배포했다. 이를 바탕으로 '남자는 수학 유전자를 지니고 있는가?'라는 〈뉴스위크〉의 기사를 필두로 〈타임〉, 〈뉴욕타임스〉, 〈리더스다이제스트〉 등 당시 거의 모든 주요 언론매체에서 이 논문에 실린 내용을 소개했다. 심지어 남성의 y염색체가 곧 수학 유전자(The Math Gene)라며 호들갑을 떨기까지 했다.

물론 곧바로 많은 비판이 제기되기 시작했다. 남자아이가 수학을 잘하면 여자아이에 비해 더 많이 칭찬을 받는다든지, 교사나 부모로부터 당연하다는 반응을 대한다든지 하는 차이가 있다는 식의 비판이었다. 그러나 벤보와 스탠리는 자신의 주장을 굽히지 않고 3년 뒤에 한 번 더 〈사이언스〉에 추가분석 결과를 발표했다.[36]

그들은 남녀 모두 같은 환경에서 같은 과정을 공부했다는 증거를 조목조목 제시하면서, 교육환경에 차이는 없다고 주장했다. 그중에서도 미국 수능시험이라 할 수 있는 SAT 수학시험에서 700점 이상을 받은 상위권의 남녀 차이를 가장 확실한 증거로 제시했다. 수학 고득점자 280명 중 남학생은 260명이었고 여학생은 겨우 20명에 그쳤다. 상위권 고득점자에서 남학생이 여학생보다 무료 13배나 많으니 수학 성적에서 나타난 남녀 차이는 유전적인 차이로밖에 볼 수 없다는 얘기였다.

그럼에도 남학생과 여학생의 교육환경이 상당히 다르지 않느냐는 반론은 끊임없이 제기되었다. 가르치는 내용이나 수업시간이 동일하다고 해도 수학은 남학생이 더 잘한다는 선입견 때문에 차이가 생길 수밖에 없다는 주장이었다. 예를 들면 수학시간에 똑같이 손을 들어도 교사는 남자아이를 더 많이 지목하는 경향이 발견되었다. 초등학교에서는 남학생과 여학생이 똑같이 수학을 잘해도 남자아이가 더 칭찬을 많이 받고, 중·고등학교에 진학해서도 선택과목인 고급수학은 주로 남학생에게 권한다는 사실 등이 드러났다.

그로부터 25년이 흐른 후에 벤보와 스탠리의 주장을 일거에 뒤집는 연구결과가 발표되었다. 역설적이게도 이 연구결과 역시 〈사이언스〉에 실렸다.[37] 이 연구에서는 미국의 남녀 학생만을 대상으로 한 벤보와 스탠리의 연구와 달리, 미국을 포함한 40여 개국 남녀 학생 27만 6000명의 수학 성적을 비교했다. 그 결과 남녀 학생 간의 수학 성적 격차는 국가별로 상당히 다른 양상을 보인다는 사실이 발견되었다.

한국, 튀르키예, 이탈리아 등에서는 남녀 학생 간의 수학 성적 차이가 상당히 크게 나타났다. 미국, 포르투갈, 프랑스 등은 중간 정도의 차이를 나타냈으며, 노르웨이 등 스칸디나비아 국가에서는 남녀 차이가 거의 드러나지 않았다. 심지어 아이슬란드에서는 여학생의 수학 성적이 더 높게 나타났다. 이러한 국가별 비교는 남녀 학생 간 수학 성적 차이가 생물학적 원인이 아니라, 문화적 차이 때문에 나타난다는 사실을 단적으로 보여준다.

게다가 그러한 문화적 차이는 그 사회의 남녀평등에 대한 인식을 그대로 반영한 것으로 드러났다. 여성의 지위, 공직 진출 정도 등 객관적 수치를 바탕으로 한 국가별 성평등지수와 함께 비교해보니, 남녀 불평등이 심한 나라일수록 남학생이 수학을 훨씬 더 잘했고, 남녀평등이 이루어진 나라일수록 수학 성적 격차가 줄어드는 경향을 보였다. 즉 한국, 튀르키예, 이탈리아 등은 성평등지수가 다른 나라에 비해 훨씬 낮았고 이에 따라 남녀 학생 간의 수학 점수 격차도 컸다. 미국, 포르투갈, 프랑스 등은 중간 정도의 성평등지수를 보였고, 남녀 학생 간의 수학 점수 격차도 중간 정도로 나타났다. 한편 스칸디나비아 국가들은 성평등지수가 가장 높았고, 남녀 학생 간의 수학 점수 격차는 거의 없었다.

말하자면 여학생이 수학을 못했던 것은 유전자 때문이 아니라, 수학은 남학생이나 잘하는 거라는 편견 때문이라는 사실이 40여 개 국가의 비교를 통해 여실히 입증된 것이다. 남녀차별이든, 인종차별이든, 아니면 어떠한 종류의 차별이든, 특정한 사람들은 수학을 잘 못한다는 믿음이 널리 퍼져 있으면, 그 집단의 사람들은 실제로 수학을 못하게 된다. 예컨대 12월에 태어난 사람이나 혈액형이 A형인 사람은 수학을 못한다는 '편견'이 광범위하게 퍼져 있고 모두가 그러한 편견을 믿게 된다면, 12월생이나 A형은 그러한 편견을 내면화하여 '나는 수학을 못하겠지'라는 내면소통을 하게 되고 실제로 수학을 잘 못하게 된다. 사회적 편견과 고정관념의 힘은 내면소통의 힘을 보여주는 또 다른 증거이기도 하다.

한편 미국 학생들의 수학 성적 최상위 그룹의 남녀 비율을 조사한 결과, 1980년대에는 13 대 1이었지만 20여 년 만에 3 대 1로 급감한 것으로 나타났다. 1세대도 되지 않는 20년 만에 유전적 변이가 일어났을 리는 없다. 다만 미국이라는 사회에서 남녀에 대한 편견이 지난 20여 년 사이에 많이 개선되었고, 그러한 사회적 편견의 개선이 남학생과 여학생 간의 수학 성적 평균화에 큰 영향을 미쳤다고 봐야 한다.

한국에서도 지난 40여 년 동안 비슷한 변화가 일어났다. 1980년대만 해도 수학뿐 아니라 거의 모든 과목이나 시험에서 남학생이 여학생보다 눈에 띄게 높은 성적을 받았다. 국가가 실시하는 학력평가든, 대학입시든, 사법시험이든, 행정고시든 어느 시험에서나 전체 수석은 항상 남자의 몫이었다. 남자 수석의 점수는 여자 수석에 비해 상당히 높았다. 남녀공학에서 전교 최상위 성적을 기록하는 것 역시 남학생이었다.

그러나 이러한 추세는 완전히 바뀌었다. 이제는 어떤 시험에서든 여자가 전체 수석을 차지하는 경우가 오히려 더 많다. 남녀공학에서 남학생들은 최상위 등수에 들지 못해 쩔쩔매고, 상대평가로 결정되는 내신이 불리하다며 도망치듯 남학생만 있는 학교로 전학가고 싶어 한다. 대학에서도 공부 잘하고 학점을 잘 받는 것은 대부분 여학생이다. 한국 역시 지난 수십 년 사이에 유전자나 지능의 변화가 있었을 리는 만무하다. 다만 그동안 '여자가 공부해서 뭐 하게?', '여자는 남자보다 덜 똑똑해'라는 편견이 점차 사라지면서 남녀 간의 실제 능력 차이도 점차 사라진 것이다. 여자가 남자보다 뛰어날 수 있다는 생각이 널리 퍼지면서, 실제 여자가 남자 이상으로 능력을 발휘하게 된 것이다. 개인적 신념뿐만 아니라 사회적 통념 역시 사람들의 능력 발휘에 직접적인 영향을 미친다.

이처럼 능력을 발휘하고 공부를 잘하기 위해 우선적으로 필요한 것은 선천적 지능이나 재능이 아니다. 그보다는 자신의 능력에 대한 긍정적 믿음과 태도가 훨씬 더 중요하다. 당신의 자녀가 공부 잘하기를 바란다면, 당연히 자녀에게 잘할 수 있을 거라는 자신감을 계속 불어넣어줘야 한다. 따뜻한 격려와 용기를 북돋워주는 말 한마디가 모든 것을 바꿀 수 있다. 인간의 능력은 얼마든지 계발될 수 있고 성장할 수 있다. 본인과 주변 사람들이 '한계'라고 믿는 지점이 바로 자기 능력의 한계가 된다.

아이의 능력에 대한 믿음이 부족한 부모일수록 아이를 닦달하고 들볶는다. 부모로부터 스트레스를 받는 아이는 자라면서 능력이 향상되기는커녕 더욱더 떨어질 것이다. 먼저 당신의 자녀에 대한 기대치를 높여라. 공부 잘하는 것이 당연하다는 생각이 들게끔 만들어라. "당연히 이 정도는 해야 하는 것 아냐?"라며 아이를 몰아세우라는 이야기가 아니다. 지금 성적이 좋지 않아도 열심히 하면 분명 잘할 수 있을 거라는 능력성장믿음을 은연중에 계속 심어주라는 말이다.

부모의 믿음은 자녀에게 고스란히 전달된다. 구체적인 말로써가 아니라, 당신이 아이를 대하는 표정, 목소리, 태도를 통해 그대로 전달된다. 인간의 지능과 능력성장에 대한 고정관념과 편견을 싹 뜯어고치고 아이에게 무한한 신뢰를 보내기 바란다. 분명 당신의 아이는 자기 자신에 대해 긍정적인 내면소통의 습관을 지니게 될 것이고, 아마도 당신보다 더 높은 수준의 그릿을 갖게 될 것이며, 따라서 훨씬 더 공부를 잘하게 될 것이다.

세 번째 오해,
일찍부터 선행학습을 시켜야 유리하다?

성적은 주로 지능에 의해 결정되고, 지능은 변하지 않는다고 믿는 부모는 아이가 천재가 아닌 다음에야 일찌감치 선행학습을 시키는 것이 유리하다고 철석같이 믿는다. 이것이 우리 사회에 영유아 사교육 광풍이 부는 이유다. 이러한 광풍은 시간이 갈수록 점점 더 심해지고 있다.

아이를 낳고 산후조리원에 가는 순간부터 사교육 업체의 영업 리스트에 오르고, 백일이 되자 영유아 교구업체 영업사원이 방문하더라는 이야기도 들린다. 엄마들 사이에는 아이가 두 돌에 한글을, 세 돌 때부터는 영어를 시작해야 된다는 근거 없는 이야기가 마치 정설처럼 떠돈다. 생후 18개월부터 영어를 가르치는 유치원도 생겨났다고 한다. 6세 미만 영유아부터 미술, 발레, 태권도, 피아노,

수학, 과학 등 다양한 사교육을 경쟁하듯 억지로 시키고 있는 것이 대한민국 부모들이다.

잘 노는 아이가 공부도 잘한다

영유아에게 강제로 공부를 시켰을 때의 부작용은 엄청나다. 요즈음 소아청소년정신과에는 소아우울증 환자와 불안장애 환자가 넘쳐난다. 예전에는 그렇지 않았다. 소아청소년정신과에 찾아오는 아이들의 대부분은 감정조절장애, 주의력 산만, 불안장애, 소통장애, 학습거부반응 등을 보인다. 거의 대부분 엄마의 공부 강요가 스트레스의 원인이다. 이런 아이들이 중·고등학교에 진학했을 때 스스로 열심히 공부할 마음의 근력을 갖출 수 있을까? 그럴 가능성은 전혀 없다. 차라리 그냥 내버려두었으면 적어도 망가지지는 않았을 텐데, 많은 엄마가 어릴 적부터 공부를 강요함으로써 아이들을 망가뜨리고 있다.

세계적으로 유례없는 영유아 사교육 광풍과 함께, 한국은 전 세계에서 가장 높은 청소년 자살률을 보이고 있다. 소아청소년 우울증과 불안장애가 계속 증가하고 있는 것과 무관하지 않다. 잘못된 소문과 고정관념으로 아이와 부모가 모두 불행해지고 있는 것이다. 정신적, 신체적으로 건강하게 자라야 나중에 청소년이 되었을 때 자발적으로 자신의 목표를 향해 힘차게 노력할 마음의 근력을 가질 수 있다. 교육에 대한 부모의 편견과 오해가 자식의 학업능력을 갉아먹고, 나아가 정신건강까지 망가뜨리고 있는 현실이 너무나도 안타까울 뿐이다.

우리나라 청소년들이 겪는 근본적인 문제는 공부가 아니라 어려서부터 제대로 놀지 못하면서 자란 데 있다. 또래 친구들과 잘 어울리는 것이 왜 아이의 두뇌 발달과 자기조절력 향상과 학업능력 향상에 결정적인 도움이 되는지, 이 책을 끝까지 읽으면 잘 이해할 수 있을 것이다.

어려서부터 잘 노는 법을 가르치는 것이 제대로 된 교육이다. 창의성과 혁신은 모두 놀이에서 나온다. 즐겁게 놀고 싶은 본능이 억압될 때, 그 스트레스는 분노와 좌절감과 무기력을 유발하고, 이는 폭력성과 우울증과 감정조절장애의 원인이 된다. 즐겁게 잘 노는 아이가 잘 자라는 법이다. 이는 "어릴 때는 놀아도 나중에 열심히 공부하면 되니까 괜찮아"라는 이야기가 아니다. 어렸을 때 잘 놀아야만 마음의 근력인 그릿이 자라나고, 그래야만 열정과 집념을 갖고 스스로 하기로 마음먹은 공부를 잘 해낼 수 있다.

아이를 너무 일찍 사교육으로 내모는 엄마들의 불안한 심정도 충분히 이해는 된다. 우리 애만 뒤처지면 어쩌나 하는 불안감은 엄청날 것이다. 특히 유치원이나 초등학교 입학을 앞둔 아이의 부모에게 '학부모'가 된다는 사실은 엄청난 부담으로 다가온다. 우리 애가 드디어 입시지옥으로 악명 높은 대한민국에서 학생이 되는구나 하는 생각에 불안감이 엄습할 것이다.

이때 대부분의 학부모가 공통적으로 갖고 있는 편견이 있는데, 부모라면 모름지기 아이에게 공부를 '시켜야' 한다는 굳은 믿음이다. 잘못된 믿음이다. 부모들은 아이가 일류 대학에 들어가기를 원한다. 그런데 일류 대학에 들어갈 만큼의 상위권 성적을 유지하려면, 반드시 고등학교 때 공부를 집중적으로 열심히 해야 한다. 그것도 공부에 재미를 붙이고 상당한 마음근력을 발휘하면서 '자발적'으로 열심히 해야만 가능하다. 고3 때까지 계속 강제로 공부를 '시킨다'는 것은 불가능한 얘기다. 중학교 1, 2학년 때까지야 어떻게든 강제로 시킬 수도 있겠지만, 그 이후는 거의 불가능하다. 아이 스스로 열심히 해야만 한다. 그렇게 스스로 열심히 하려면 높은 수준의 자기조절력과 자기동기력과 대인관계력, 즉 그릿을 길러줘야 한다.

학년이 오를수록 성적이 떨어지는 영재

어린 자녀에게 억지로 공부를 시키려는 극성스러운 부모를 볼 때마다 나는 한때 같은 아파트 단지에 살던 친한 후배의 아들인 윤호(가명)가 떠오른다. 나는 윤호를 아주 어릴 적부터 보아왔다. 후배 부부는 아들 교육에 관심이 많았고 아주 열성적이었다.

윤호는 또래 아이들보다 영특했다. 초등학교 입학 직전에 받은 지능검사에서 상위 2%에 들 정도였다. 부모는 당연히 아들이 영재일 거라는 기대를 품고 영재교육원을 알아보기 시작했다. 그런데 영재교육원 입학시험에서 떨어졌다. 네 살 이전부터 이미 영재교육원에 다닌 아이가 많다는 사실을 알게 된 윤호의 부모는 초등학교 1학년이면 이미 늦은 게 아닌가 하는 조바심이 들었다. 얼른 가장 크고 유명한 영재교육원 대비학원에 아이를 보내기로 했다. 반 편성 테스트를 거쳐 윤호는 높은 수준의 반에 들어가게 되었다. 윤호의 부모는 지능이 높아야, 즉 머리가 좋아야 공부를 잘한다는 확고한 믿음을 갖고 있었다. 대부분의 대한민국 학부모가 이처럼 지능에 대한 잘못된 믿음을 갖고 있다.

윤호는 학원에서 창의력 학습과 더불어 수학·과학 등의 선행학습을 중점적으로 해나갔다. 초등학교 5학년 때 이미 중학교 수준은 물론이고, 고등학교 수준의 사고력을 요하는 고난도 수학문제까지 푼다고 윤호 아빠가 자랑스레 얘기했던 기억이 난다.

초등학교 때 아이가 배워야 할 것은 영어, 수학 등의 교과목이 아니라, 하고자 마음먹은 일을 스스로 해낼 수 있는 의지력과 노력의 즐거움이다. 사실 초등학교 때 배우는 교과목은 중학생이 되면 수개월 내에 다 마스터하고 따라잡을 수 있는 분량 정도밖에 되지 않는다. 초등학교 때 고등학교 수학이나 영어까지 해둬야 한다고 굳게 믿는 학부모는 정말 미련한 사람들이다. 초등학생에게 그런 정도의 공부를 강제로 시키면, 아이는 대부분 스트레스를 받고 공부에 대해 압박감을 느끼게 되어 있다. 공부를 신나고 재밌게 할 수 없으며, 아이의 정신건강과 마음근력은 약해질 수밖에 없다. 편도체 활성화가 일상화되어 그릿은커녕 의지박약이 되어 정작 중·고등학생이 되면 자기가 하고자 하는 공부에 힘찬 노력을 기울일 수 있는 그릿을 지니기 힘들다. 윤호는 초등학교 시절 밤늦도록 학원에 다녔다. 학원 숙제도 열심히 했다. 이렇게 어린 초등학생에게 타율적으로 공부를 '시키는' 것을 당연하다고 여겨서는 곤란하다. 무의식중에 공부는 엄마 아빠가 '시켜서' 하는 것으로 각인되기 때문이다. 공부가 재미있으려면 자율성이 부여되어야 한다. 자꾸 시켜서 공부를 하게 되면 아이는 엄마 아빠를 '위해서' 공부를 하게 되고, 결국 공부란 두렵고 싫은 일이 되어버린다.

한번은 윤호가 집에 친구들을 데리고 왔다. 외출에서 돌아온 윤호 엄마는 마음이 그리 편치 않았다. 윤호의 숙제가 약간 밀려 있었기 때문이다. 그래서 친구들에게 윤호는 할 일이 많으니 이제 그만 돌아가는 게 어떻겠냐고 부드럽게 권했다고 한다. 윤호는 실망하는 기색이 역력했다. 한편 윤호 엄마는 초등학교 고학년인 아이를 친구 집에서 놀게 하는 부모들이 너무 태평해 보여 교육에 관심이 있기나 한 것인지 하는 생각이 들었다. 머리도 윤호만큼 좋지 않을 텐데 그렇다면 더더욱 중학교 과정을 미리 공부시켜야 하는 건 아닌지, 그 아이들의 부모가 한심스럽게 느껴졌다고 한다.

그 후에도 윤호 친구들은 몇 차례 더 집으로 놀러 왔다. 윤호 엄마는 점점 더 걱정이 되기 시작했다. 이러다가 윤호도 매일 놀기 좋아하는 친구들과 어울려 공부도 안 하고 그냥 '노는 애'가 될지도 모른다는 생각에 더럭 겁이 났다. 혹시 학교에서도 이 아이들과 노느라 바쁜 건 아닌지 걱정스러웠다.

윤호 엄마는 친구들을 쫓아 보낸 후 아이를 앉혀놓고 앞으로는 그 친구들과 놀지 말라고 단단히 주의를 주었다. 다시는 집에 친구들을 데려오지 말고, 친구 집에 놀러 가지도 말라고 했다. 학교에서도 그런 아이들과는 어울리지 말라는 경고까지 덧붙였다. 윤호는 풀이 좀 죽었으나 그렇게 하겠다고 순순히 약속했다. 역시 윤호는 착한 아이였다. 윤호 엄마는 윤호의 하루 일과를 더더욱 꼼꼼히 챙기기 시작했다. 학교가 끝나자마자 거의 매일 학원에 다니도록 시간을 조정했다. 윤호도 마음을 잡고 다시 열심히 공부하기 시작했다.

이때 윤호 엄마가 크게 오해한 것이 있다. 아이가 자라면서 또래와 맺는 관계가 전전두피질과 인지능력 발달, 즉 공부하는 능력에 얼마나 큰 도움이 되는지를 미처 몰랐던 것이다. 윤호는 수학, 과학 올림피아드 및 경시대회 등을 꼬박꼬박 준비해 시험을 봤고, 비록 대상은 못 탔지만 여러 차례 장려상 등을 수상했다. 열심히 학원을 다니며 선행학습 및 심화학습을 꾸준히 하는 동안 어느새 초등학교 6학년이 되었고, 꿈꾸던 영재교육원 시험이 다가왔다. 아쉽게도 결과는 낙방이었다. 1차는 통과했지만 2차에서 아깝게 떨어지고 말았다. 하지만 누구보다 열심히 공부한 덕에 중학생이 된 윤호는 벌써 고등학교 수학문제도 척척 푸는 우수한 학생이었다. 과학도 다양한 책을 읽고 선행학습을 한 터라 어느 누구에게도 뒤지지 않는 실력을 갖고 있었다. 영어도 수준급이었다. 윤호는 강남에 위치한 평이 좋은 중학교에 다녔는데, 1학년 1학기에 전교 5등을 했다. 이 같은 결과가 모두 학원에 열심히 다닌 덕분이라고 믿은 윤호 부모는 학교보다는 학원 공부에 더 집중해야겠다고 판단했다.

윤호는 드디어 중학교 1학년 여름 영재교육원에 합격했다. 이제는 과학고 입학이 새로운 목표였다. 윤호의 부모는 아이가 무엇을 얼마나 공부하는지 계속 확인하면서 아이와 항상 함께 공부했다. 집에서도 긴장의 끈을 늦추지 않고 공부하기 위해 일상에서의 간단한 대화나 메모조차 영어나 한문으로 주고받을 정도였다. 심지어 엄마 아빠 모두 중간고사의 시험 범위나 수학 교과서의 각 장 내용까지 훤히 꿰고 있어 내가 깜짝 놀란 적도 있다.

하지만 이렇게 아이 공부에 대해 부모가 일일이 간섭하고 관여하는 것은 좋지 않다. 아이의 자율성을 저해하여 동기부여를 떨어뜨릴 우려가 있기 때문이다. 모든 것을 부모가 챙겨주고 간섭하는 것은 결국 아이의 공부를 방해하는 일이다. 자기조절력으로 스스로 의지를 발휘해야 진정 공부를 열심히 잘할 수 있다. 부모가 중간고사 범위를 훤히 꿰고 있는 것은 바람직한 일이 아니다. 시험공부는 스스로 알아서 하는 거라는 개념을 아이에게 심어줘야 한다. "공부는 네 인생을 위한 너의 일이지 엄마 아빠의 일이 아니다. 네가 알아서 해라"라는 태도를 분명히 견지해야 한다. 그래야 아이의 마음근력이 자라나고, 끈기 있게 자신의 목표를 향해 나아가는 그릿이 생겨난다.

윤호의 부모는 아이가 중학교 2학년이 되면서 예전만큼 성실하고 꾸준히 공부하지 않는다는 느낌을 받았다. 숙제를 실제보다 줄여서 말하는 것 같았고, 책상 앞을 지키긴 했지만 공부하는 게 아니라 몰래 컴퓨터 게임을 하거나 멍하니 앉아 있는 모습을 몇 번 보기도 했다. 아이가 몇 차례 학원도 빼먹은 사실을 알게 되면서 부모의 고민은 커져만 갔다. 다행히도 여러 번 대화를 시도한 끝에 윤호의 속내를 들을 수 있었다. 갑자기 공부를 열심히 하지 않게 된 데는 특별한 이유가 있을 거라 생각했는데, 아이는 학원을 다니는 것이 그냥 지겨워졌다고 했다.

윤호의 부모는 어이가 없었다. 이제 와서 지겹다니! 지금 바짝 고삐를 당기지 않으면 그동안의 노력이 물거품이 되고 말 터이니 꾹 참고 공부에 집중하라고 윤호를 설득했다. 착한 윤호는 열심히 하겠다고 다짐했다. 다시 학원에 열심히 다니기 시작했고, 최대한 공부에 집중하려는 모습을 보였다. 하지만 얼마 지나지 않아 윤호는 영재교육원 공부도 재미없고 너무 지겹다고 투덜거렸다. 윤호 엄마는 깜짝 놀라 어렵게 들어간 영재교육원을 이제 와서 그만둘 수는 없지 않느냐며 아이에게 눈물로 하소연했다. 윤호는 마지못해 계속 다니겠다고 했지만, 점차 큰 압박감에 시달리는 듯했다. 기말고사가 끝나자 윤호는 엄마에게 공부가 너무 지겹다고 하면서, 다른 친구들처럼 시험이 끝나면 PC방도 가고 재미있는 영화도 보러 다니면서 며칠만이라도 맘껏 놀아보고 싶은 게 소원이라고 했다.

며칠 후 윤호는 편두통을 호소하기 시작했다. 누군가에게 맞기라도 한 것처럼 머리 이곳저곳이 아프다고 했다. 스트레스를 제대로 관리하지 못하면 실제로 몸이 아프다. 면역력이 떨어지고 신체 기능도 저하된다. 마음이 아프면 몸도 아픈 것이다. 윤호는 점차 말수가 줄어들고 우울한 아이가 되어갔다. 성적은 계속 떨어져서 반에서 9등을 했다. 중학교 3학년이 되자 성적은 더욱더 떨어져서, 1학년 때 전교 5등을 하던 아이가 3학년이 되자 반에서 15등, 전교 140등까지 추락했다.

윤호는 공부가 두려워졌다. 공부하려고 책상 앞에 앉으면 머리부터 아프고 마음이 무거워지고 집중도 안 된다고 했다. 부모는 막막해졌다. 윤호의 성적은 날이 갈수록 떨어지기만 했다. 윤호는 공부에 대한 자신감을 완전히 잃은 채 우울하고 무기력하고 신경질적인 아이가 되어갔다. 과학고는 아예 응시조차 포기하고 말았다. 학교생활에 적응할 수 없었던 것이다. 학교를 그만둔 후 한동안 방황하던 윤호는 결국 외국으로 유학을 떠났다.

윤호에게 부족했던 것은 지능도, 부모의 뒷바라지도, 학습능력도, 선행학습도 아니었다. 그 아이에게 부족했던 것은 공부를 스스로 신나게 열심히 해낼 수 있는 '마음근력'이었다. 스스로 노력할 수 있는 능력인 그릿이 부족했던 것이다. 윤호는 왜 열정과 집념의 원천인 그릿을 지니지 못했을까? 어려서부터 윤호의 성장을 지켜보아온 나로서는 부모 때문이라고 말할 수밖에 없다. 윤호의 부모는 아이가 스스로 일어나서 달려갈 수 있는 강한 마음근력을 키워주기는커녕, 하나부터 열까지 강제로 시킴으로써 아이 혼자 스스로 일어설 수 있는 기본적인 힘조차 길러주지 않았던 것이다.

중학교 때까지는 아이가 아직 어리기 때문에 부모가 강압적으로 시키면 별다른 생각 없이 따라와준다. 시키는 대로 하는 것이다. 성적도 웬만큼 나온다. 그러나 고등학교 이상부터는 스스로 발휘하는 자기조절력, 자기동기력, 대인관계력이라는 마음근력 없이는 공부를 잘하기 힘들다. 윤호가 중학교 2학년 때부터 성적이 계속 떨어진 가장 큰 이유는, 부모가 잘못된 선입견과 편견으로 너무 일찍부터 아이 교육에 과도하게 개입했기 때문이다. 잘 모르면 차라리 그냥 놔두는 편이 낫다. 부정확한 소문만 듣고 주변 사람들이 이렇더라 저렇더라 하는 얘기에 휩쓸려서 아이에게 강압적으로 공부를 시키다 보면 윤호처럼 자발적으로 노력할 수 있는 능력을 갖추지 못하게 될 가능성이 높다.

나는 그동안 윤호와 비슷한 사례를 주변에서 많이 보아왔다. 윤호의 부모를 비롯해 많은 이들에게 "아이에게 공부를 강요하면 안 된다, 마음의 근력을 키워줘야 한다"고 누누이 역설했지만, 어느 누구도 나의 충고에 귀 기울이지 않았다. 공부에 대한 잘못된 선입견과 편견이 너무나 확고했기에, 충고 몇 마디로 그들의 교육방식을 바꿀 수는 없었다. 이 책을 쓰게 된 이유 중 하나도 윤호 부모와 같은 사람들에게 자녀의 공부를 제대로 돕는 법에 대해 차근차근 알려주고 싶은 안타까운 마음 때문이었다.

몸이 건강해야 뛸 수도 있고 운동도 할 수 있는 것처럼, 마음에도 강인한 근력이 생겨나야 스스로 힘차게 공부를 잘할 수 있다. 공부는 마음이나 정신으로만 하는 것이 아니다. 몸으로도 하는 것이다. 공부하는 데는 머리를 써야 하지 않느냐고? 머리 역시 몸의 일부다. 그것도 아주 중요한. 인간의 뇌는 무게로 따지자면 전체 몸무게의 2% 정도밖에 되지 않지만, 소모하는 칼로리는 25%가 넘는다. 가만히 앉아서 바둑이나 체스를 두는 선수들의 에너지 소모는 무려 6000~7000칼로리에 이른다고 한다. 종일 가만히 앉아서 바둑판만 들여다보는 것 같지만, 하루 종일 격렬한 운동을 하는 선수 못지않게 많은 에너지를 소모하고 있는 셈이다.

공부를 제대로, 효율적으로, 효과적으로 해내려면, 사력을 다해 수를 읽는 프로 바둑기사처럼 격렬하게, 집중해서 뇌의 에너지를 쏟아부을 수 있어야 한다. 중요한 것은 이렇게 미친 듯이 자발적으로 공부하려면 엄청난 '마음근력'이 필요하다는 것이다. 누가 시켜서는 이렇게 열심히 집중하지 못한다. 스스로 할 수 있는 그릿이 뒷받침되어야만 최대한의 노력을 발휘할 수 있다. 이렇게 열심히 노력할 수 있는 마음의 근력인 그릿은 어려서부터 길러줘야 한다.

Growing through
Relatedness,
Intrinsic motivation &
Tenacity

2장

그릿,
모든 성취의 원동력

무엇이
성공을 이끌어내는가

각자의 분야에서 뛰어난 업적을 이룬 학자, 기업인, 예술가, 운동선수들의 공통점은 무엇일까? 바로 성취역량이 높다는 점이다. 학생 역시 공부를 잘하려면 성취역량이 뛰어나야 한다. 그런데 성취역량은 인지능력보다는 비인지능력에 의해 훨씬 더 크게 좌우된다. 이는 이미 과학적으로 입증된 사실이지만, 대중에게 제대로 알려지지 않았을 뿐이다. 비인지능력은 한마디로 꾸준히 노력할 수 있는 힘이다. 어린 학생들에게 우선 키워줘야 하는 것은 스스로 꾸준히 노력할 수 있는 능력이다.

인간의 능력은 두 가지 차원으로 구성된다. 하나는 인지능력이다. 지능 혹은 재능이라고도 부른다. 인지능력이 높으면 똑똑하다, 머리가 좋다는 말을 듣는다. 다른 하나는 비인지능력이다. 끈기와 열정, 집념, 도전정신, 동기부여, 회복탄력성 등이 이에 해당한다. 비인지능력이 높으면 열정적이다, 끈기가 있다, 참을성이 많다, 침착하다, 자신감이 충만하다, 집념이 강하다는 평가를 받게 된다.

공부를 잘하기 위해 우선적으로 필요한 것이 비인지능력이다. 운동경기에 비유하자면 비인지능력은 일종의 기초체력이다. 스스로 열심히 집중해서 노력하기 위해서는 그럴 수 있는 능력을 갖춰야 한다. 굳게 마음먹는다고 누구나 노력할 수 있는 것은 아니다. "정신 차리고 열심히 공부해야지"라고 결심하는 것만으로는 부족하다. 노력할 수 있는 능력은 마음근력에서 나온다. 그런데 부모가 지나치게 간섭하면 아이의 마음근력은 약화된다. 노력할 수 있는 능력이 자라나지 못하도록 방해하면서 무조건 노력하라고 아이를 다그치는 부모는 결국 아이를 좌절시키고 만다.

비인지능력의 비밀

비인지능력을 다른 말로 표현하면 곧 마음근력이다. 이는 자신이 세운 목표를 향해 열정을 갖고 온갖 어려움을 극복하며 지속적인 노력을 기울일 수 있는 능력을 일컫는다. 지능이나 재능은 일종의 잠재력이다. 그릿은 각자 개인이 지닌 잠재력을 발휘하게 하는 비인지능력이다. 여러 학자들이 비인지능력의 중요성에 주목해 많은 연구결과를 내놓았다. 앞에서 살펴보았던 앤절라 더크워스 역시 성적이 뛰어난 학생이나 업무성취도가 높은 직장인은 공통적으로 높은 수준의 비인지능력을 갖추고 있다는 사실을 밝혀냈다.

더크워스는 하버드대학을 졸업하고 백악관 인턴, 맥킨지의 경영 컨설턴트 등으로 일하다가 중학교 수학교사가 되었다. 중학생들에게 수학을 가르치던 그는 중요한 사실에 주목하게 된다. 학생들의 수학 성적이 지능이나 똑똑한 정도에 의해 좌우되지 않는다는 점이었다. 똑똑하지 못한 아이들도 수학 성적이 좋은가 하면, 지능은 아주 높은데도 불구하고 수학 성적이 형편없는 아이도 많았다. 한마디로 수학 성적을 결정짓는 가장 큰 요인은 지능지수나 수학적 재능이 아니라는 것을 아이들을 가르치면서 직접 경험했던 것이다.

그렇다면 지능 외에 수학 성적을 결정하는 다른 요인은 과연 무엇일까? 그는 이 문제에 정확히 답할 수 있어야 아이들을 제대로 가르칠 수 있고, 나아가 교육제도를 근본적으로 개선할 수 있다는 신념을 품게 되었다. 그리고 결국 이 문제에 대한 답을 찾기 위해 연구자의 길을 걷기로 결심한다. 펜실베이니아대학 심리학과의 늦깎이 대학원생이 된 그는, 여러 연구를 통해 비인지능력이야말로 학생의 성적은 물론이고 그밖의 다양한 종류의 성취를 결정하는 가장 중요한 요인임을 입증했다. 특히 더크워스는 자기조절력의 하나인 집념(grit)의 중요성을 발견했다.

더크워스는 우선 미국의 육군사관학교 웨스트포인트의 신입생도들을 연구대상으로 삼았다. 웨스트포인트의 신입생도들은 9월 첫 학기가 시작되기 전 여름에 6주 반 동안 강도 높은 기초군사훈련(Cadet Basic Training)을 받는다. 일명 '야수의 막사'로 불리는 이 강도 높은 훈련은 고교 졸업생을 장교 후보생으로 탈바꿈시키기 위한 것이다. 새벽 5시 반 기상에서 밤 10시 취침시간에 이르기까지 쉴 틈 없이 학생들의 신체적·정신적 한계를 시험한다. 최고 수준의 학업 성적으로 높은 경쟁률을 뚫고 웨스트포인트에 최종 합격한 인재들이지만, 그중 매년 5%가량이 이 악명 높은 훈련을 견뎌내지 못하고 중도에 포기해버리고 만다. 이들은 입학하기도 전에 자퇴하는 셈이니, 개인적 차원에서도 이만저만한 실패가 아니다. 4년 전액 장학생으로 육군사관학교를 다닐 기회를 미처 시작해보기도 전에 날려버리는 것이니 말이다.

2004년 7월, 이 악명 높은 야수의 막사에 입사한 1218명의 신입생도 중에서 5.8%에 해당하는 71명이 중도에 포기하고 말았다. 더크워스는 끝까지 성공적으로 훈련을 마친 생도와 중도에 포기하는 생도들의 결정적인 차이가 무엇인지를 살펴보았다. 체력 점수, 고등학교 성적, 수능 성적(SAT), 리더십 점수 등 그 어떤 항목에서도 뚜렷한 차이를 찾아볼 수 없었다. 가장 결정적인 차이는 단지 집념(grit)이었다. 집념이 높을수록 끝까지 포기하지 않고 성공적으로 훈련을 마칠 가능성이 훨씬 더 높았던 것이다.

더크워스는 2005년에는 전국적 규모의 영어 스펠링대회에 참가한 초·중생들을 대상으로 연구를 실시했다. 최종 라운드까지 남은 아이들과 중도에 탈락한 아이들의 결정적인 차이 역시 집념이었다. 지능이 가장 높은 아이들은 오히려 집념의 수준이 약간 낮았으며, 끝까지 버티지 못하는 경우가 더 많았다. 영어 스펠링대회에 참가한 아이들은 얼마나 자주 스펠링 연습을 했는지를 일기처럼 기록했는데, 집념의 수준이 높을수록 더 많은 시간을 연습했던 것으로 나타났고, 결국 이렇게 끈기 있게 노력한 아이들이 결선까지 진출할 수 있었다.

더크워스는 이에 그치지 않고 영업사원들의 실적과 근속연한을 결정짓는 가장 중요한 요인 역시 지능이나 유연성, 외향성 등의 성향이 아니라 집념임을 밝혀냈다. 아이비리그 대학생들의 성적에 가장 큰 영향을 미치는 것 역시 지능이나 재능이 아니라 집념이었다. 이처럼 다양한 연령대의 다양한 사람들 수천 명을 조사한 결과, 어떤 영역에서든 뛰어난 성취나 성적을 거두는 데 기여한 가장 큰 요인은 지능도, 사회경제적 수준도, 건강도, 외모도 아닌 비인지능력이라는 사실이 입증된 것이다.[38]

더크워스는 이처럼 끈기(grit)의 중요성을 확실하게 입증했다. 그러나 이러한 끈기의 뇌과학적 기반이 무엇이고 이를 어떻게 키울 수 있는가에 대해서는 다루지 않고 있다. 이제 더크워스가 말하는 끈기를 포함해 마음근력 전반을 어떻게 강화할 수 있는가에 대해 살펴보자.

노력하는 것도 능력이다

지능이나 재능과 같은 인지능력보다 그릿과 같은 비인지능력이 성취역량을 결정한다는 사실은 이미 오래전부터 알려져 있었다. 고대 그리스의 철학자 아리스토텔레스 역시 끈기와 인내를 인간의 중요한 덕목으로 보았으며, 미국의 심리학자이자 철학자인 윌리엄 제임스는 100여 년 전에 발표한 논문에서 '노력하는 능력'의 중요성을 강조한 바 있다. 하지만 비인지능력이 성취에 강한 영향을 미친다는 사실을 밝힌 최초의 과학적 연구는, 19세기 중엽 영국의 유전학자인 프랜시스 골턴에 의해 이루어졌다.[39]

골턴은 수학자, 판사, 음악가, 운동선수 등 당대의 뛰어난 업적을 남긴 사람들에 대한 자료를 분석하여, 이들이 높은 수준의 성취를 이룬 요인이 무엇인지를 알아내고자 했다. 골턴 자신도 많은 분야에서 뛰어난 업적을 남긴 천재였다. 그는 설문조사와 통계 분석을 통해 인간 사회에 대한 데이터를 모은 최초의 학자이며, 사회과학적 방법의 기틀을 마련하기도 했다. 《유전적 천재(Hereditary Genius)》라는 그의 책 제목에서도 알 수 있듯, 그는 뛰어난 업적을 이룬 사람들의 재능은 결국 유전되는 것이라고 굳게 믿었다. 그러나 그가 실제 발견한 사실은 뛰어난 성취역량이 유전에 의해서만 결정되는 것은 아니라는 점이었다. 결국 골턴은 뛰어난 업적을 남긴 사람들의 공통점을 세 가지로 요약했다. 첫째는 재능, 둘째는 열정, 그리고 셋째가 바로 열심히 노력하는 능력이었다.

원래 잘하는 아이는 없다

골턴의 연구 이후 100년이 지난 지금까지도, 여러 학자들이 연구를 통해 골턴의 발견을 재차 확인하고 있다. 교육심리학자 벤저민 블룸은 '10년의 규칙'을 주장했다. 뛰어난 성취를 이뤄낸 과학자, 예술가, 운동선수 120명을 엄선해 연구한 결과, 적어도 10년 이상 집중적인 노력을 했다는 공통점을 발견한 것이다. 예컨대 올림픽 수영선수나 세계 최정상급의 테니스 선수 혹은 피아니스트들의 공통점은 모두 15년 이상 엄청나게 집중적인 연습을 했으며, 세계 최고 수준의 과학자, 수학자, 예술가 역시 예외 없이 최소한 10년 넘게 자기 분야에서 집중적인 노력을 쏟아부었다는 사실을 발견했다. 결국 성공을 이끄는 가장 중요한 요소는 타고난 재능이나 능력이 아니라, 좌절과 실패에도 포기하지 않고 끊임없이 노력하는 습관이었다.[40]

뛰어난 성취를 위해서는 반드시 꾸준한 노력이 필요하다는 사실은 안데르스 에릭슨의 연구를 통해 확고히 입증되었다. 그는 다섯 살 전후에 바이올린을 배우기 시작한 아이들이 스무 살이 된 시점에서는 세 그룹으로 나뉜다는 사실에 주목했다. 최고의 연주자가 된 그룹은 대체로 1만 시간 이상 연습한 아이들이었고, 그냥 능숙한 연주자가 된 아이들은 8000시간, 아마추어 연주자들은 일주일에 3시간 미만, 즉 2000시간 정도 연습한 것으로 나타났다. 에릭슨의 연구는 꾸준한 노력 없이 정상에 오른 연주자는 없다는 사실을 분명히 보여준다.[41] 천재는 남보다 노력을 덜 해도 잘하는 사람이 아니라, 남보다 훨씬 더 많이 꾸준히 '노력하는 능력'을 지닌 사람이다.

나아가 에릭슨 등의 연구결과는 어느 누구도 특정한 재능이나 기술을 가지고 태어나지는 않는다는 사실을 보여준다. 선천적으로 체스를 잘 두거나 바이올린을 잘 연주하는 사람은 없다.[42] 이러한 맥락에서 "우리 아이는 원래 수학을 잘해요"라는 말은 잘못된 것이다. 세상에 그런 아이는 없다. 누구나 처음 무언가를 배우고, 그것이 익숙해질 때까지 반복적인 훈련을 해야만 잘 해낼 수 있는 법이다. 그러기 위해서는 높은 수준의 그릿이 반드시 필요하다.

자기소개서에서 가산점을 줘야 하는 항목

물론 사람에 따라 지능이나 재능의 차이는 분명히 존재한다. 무언가를 처음 배울 때, 같은 시간의 노력을 해도 습득이 빠른 학생이 있고 느린 학생이 있게 마련이다. 그러나 대학입시와 같은 장기적인 목표와 관련해서는, 조금 느린 것은 아무런 문제가 되지 않는다. 정말 중요한 것은 수년 동안 꾸준히 지속적으로 노력하는 능력이 있느냐의 여부다. 지능이 높아도 노력하는 능력이 없는 학생은 결코 성공할 수 없다.

교육학자인 워런 윌링햄 역시 고등학생이 대학에 진학해 성공적인 대학생활을 할 수 있느냐의 여부는, '끝까지 해내는(follow-through) 성향'에 달렸다는 사실을 발견해냈다. 윌링햄은 고등학교를 다니는 동안 특정한 활동을 지속적으로, 고급 수준에 이를 때까지 꾸준히 해낸 것을 '끝까지 해내는 성향'이라고 개념화했다. 이는 그릿과 기본적으로 매우 유사한 개념이다. 이것저것 조금씩 건드려보는 수준에서 다양한 활동을 해본 학생들보다는, 자신이 정한 두어 가지 활동을 수년에 걸쳐 끝까지 꾸준히 해낸 학생들이 훨씬 더 성취역량이 높다고 본 것이다.

나아가 그는 수만 명에 달하는 고등학생들을 대상으로 '끝까지 해내는 성향'을 측정한 후, 이를 대학에서의 성취도와 비교해 자신의 주장을 입증했다. 다양한 비인지적 요인 중에서도 그릿에 해당하는 '끝까지 해내는 성향'이 성공적인 대학생활을 가장 확실하게 예측하는 요인임을 밝혀낸 것이다. 윌링햄은 대학에서 신입생 선발을 위해 자기소개서를 평가할 때, 특정한 활동을 지속적으로 꾸준히 한 학생들에게 더 많은 가산점을 주어야 한다고 주장하기도 했다.[43]

그릿은 단순한 열정과 집념이 아니다. 그릿은 주어진 일이 더 힘이 들수록 더 열심히 하는 마음의 근력을 뜻한다. 힘든 일일수록 더 열심히 한다니, 얼핏 모순되게 들리지 않는가? 하지만 인간은 어려울수록, 불가능해 보일수록 그 일을 더 사랑하고 더 열심히 할 수 있는 모순적인 존재다. 루이지애나주에서 사형수들을 돌보는 데 평생을 바친 헬렌 프레진(Helen Prejean) 수녀는 이런 말을 남겼다. "도저히 용서할 수 없는 사람일수록 더 크게 용서해야만 하고, 도저히 사랑하기 힘든 사람일수록 그러한 사람들을 사랑할 수 있는 방법을 찾아내야만 한다."

그릿은 어렵기 때문에 그 일을 더 열심히 하는 마음의 힘이다. 그렇기에 거기서 나오는 열정과 집념은 아름답다. 그릿이란 힘들어도 결국 참아내는 힘을 말한다. 여기서 '참는다'는 것은 단순히 고통을 참거나 하기 싫은데 마지못해 견딘다는 의미가 아니다. 가령 암벽등반을 즐기는 사람들을 떠올려보자. 그들은 온몸이 바위에 긁히고, 모든 근육이 타는 듯한 고통이 찾아와도 즐거움과 쾌감을 느끼며 고통을 견뎌낸다. 공부나 일을 하다 보면 너무도 힘든 순간이 찾아오게 마련이다. 그러나 그러한 고통에는 묘한 즐거움과 짜릿한 쾌감이 섞여 있다. 어려운 수학문제를 밤새도록 풀 때 온몸이 쑤시는 고통과 피곤함이 몰려와도, 그러한 고통을 즐거운 마음으로 견디게 하는 것이 바로 그릿이다. 그릿은 어떤 일이든 '즐거운 마음으로 해낼 수 있도록 하는 마음근력'이다.

그릿,
성공적인 삶의 필요조건

그릿과 연관된 흥미로운 사실은 또 있다. 심리학자나 교육학자만 그릿에 관심을 가진 것은 아니라는 점이다. 아이가 공부를 잘할 수 있게 하려면, 인지능력보다는 비인지능력을 길러줘야 한다는 사실을 널리 전파하기 위해 누구보다 열심히 노력하는 사람이 있는데, 그는 놀랍게도 교육학자도 심리학자도 아닌 경제학자다. 미국 시카고대학의 제임스 헤크먼은 2000년 노벨경제학상을 수상한 매우 저명한 계량경제학자다. 그는 오래전부터 유아교육에 지대한 관심을 갖고, 교육에 투자하는 것이야말로 가장 수익률이 높은 현명한 투자임을 경제학적으로 입증해냈다.

헤크먼 역시 뛰어난 업적을 이룬 사람들의 공통된 특성을 찾는 데 많은 노력을 기울였다. 그러다 헤크먼은 미시간주의 작은 도시

입실란티에서 있었던 교육실험의 결과에 주목하게 된다. '하이스코프 페리 프리스쿨 프로젝트'라 불린 이 실험은 1962년부터 1967년까지 빈민층 지역의 3~4세 어린이 128명을 대상으로 진행되었다. 이 프로젝트는 아이들을 무작위로 64명씩 두 그룹으로 나누어, 한 그룹에게만 비인지능력을 강화하는 교육을 매주 2시간 30분씩 2년 동안 실시했다. 이 프로젝트는 원래 교육학자 데이비드 웨이카트가 조기교육의 중요성을 입증하기 위해서 계획-실행-리뷰(Plan-Do-Review) 과정을 중심으로 개발했다. 그 실험 결과를 무려 40여 년이 지난 후에 경제학자인 헤크먼이 분석했던 것이다.

이 교육은 사실 그릿 향상 교육이라고 볼 수 있다. 아이들에게 스스로 그날 하루 동안 무엇을 할지 자율적으로 결정할 기회를 주었으며, 자신이 할 일에 대한 계획을 수립하게 했고(Plan), 그 계획을 스스로의 의지로 실천하게 했으며(Do), 수업이 끝날 무렵에는 실제로 자기가 하기로 마음먹은 일을 얼마만큼 했는지를 교사와 함께 돌이켜보는 것(Review)이 이 교육의 핵심이었다. 즉 어린아이에게 자율성을 주어 스스로 동기부여할 기회를 마련해주었고, 실제로 끝까지 그것을 완수했는가를 돌이켜보게 함으로써 자기조절력을 향상시킨 것이다. 다른 대조군의 아이들은 인지능력을 길러주는 전통적인 교육을 받았다.

학자들은 그 후 40여 년 동안 이 아이들의 성장 과정을 추적했다. 유아기에 2년간 일주일에 한 번씩 자기조절력 훈련을 받았을 뿐인데 그 효과는 확실하고도 놀라웠다. 어린 시절 자기조절력 향상 교육을 받은 사람들은 대조군에 비해 여러 가지 면에서 훨씬 더 행복하고 안정적이고 성공적인 삶을 살고 있었던 것이다. 먼저 교육 수준이 훨씬 더 높았다. 10대 미혼모가 된 비율은 50%나 낮았다. 범죄자가 된 비율은 46% 더 낮았고, 반면에 소득은 42% 더 높았다. 뿐만 아니라 교도소에서 복역했던 비율이나, 마약중독, 알코올 중독 등으로 치료받는 비율도 현저하게 낮았고, 정부로부터 복지수당을 받는 비율 역시 훨씬 낮았다. 어린 시절 자기조절력을 향상시켜주는 유아교육에 드는 비용에 비해, 사회 전체적으로 수십 년간 얻게 되는 사회적 비용의 감소는 엄청났던 것이다.

헤크먼은 이 데이터를 바탕으로 정부 차원에서 유아교육에 투자하는 것이 다른 어떠한 펀드나 주식에 투자하는 것보다 월등히 높은 수익률을 올릴 수 있다는 내용을 저명한 학술지인 〈사이언스〉에 발표했다.[44] 그는 유아교육에 대한 투자의 경제적 효과를 정밀히 추정한 결과, 매년 7~10%의 높은 수익률을 내는 펀드에 투자하는 것과 마찬가지라는 의견도 내놓았다.[45] 헤크먼은 가난한 아이들의 성취도가 상대적으로 낮은 것은 지능이 낮아서라기보다는 끈기나 성실성 등 비인지능력을 계발할 기회를 갖지 못했기 때문이라며, 따라서 정부는 특히 불우한 환경에 처한 어린이들의 비인지능력을 향상시키는 데 투자해야 한다고 역설한다.

'무엇'을 가르칠까보다
'어떻게' 가르칠까에 주목하라

이처럼 유아기의 교육은 대단히 중요하며, 효율성이라는 면에서도 반드시 필요하다. 그러나 잘못된 방식의 유아교육은 오히려 아이에게 결정적인 해를 끼칠 수 있으니 주의해야 한다. 페리 프리스쿨 교육의 핵심은 절대 교과내용이 아니다. 아이들의 교육에서 중요한 것은 특정한 내용을 이해시키고 머릿속에 주입하는 게 아니라, 마음의 근력인 그릿을 길러주는 것이다. '무엇'을 가르치느냐가 아니라 '어떻게' 가르치느냐가 문제가 된다. 페리 프리스쿨 프로젝트의 핵심은 아이들에게 자율성을 줌으로써 자기동기력과 자기조절력을 키워주었다는 사실이다. 영유아에게 언어, 수리, 음악, 미술, 체육 등 인지능력 위주의 교육을 일방적으로 강요할 경우 아이의 그릿을 오히려 현저하게 약화시킬 우려가 있으니 매우 조심해야 한다.

헤크먼 교수는 지난 2011년 한국 방문 당시 한 일간지와의 인터뷰에서 유아교육을 통해 어린아이들에게는 반드시 '소프트 스킬(soft skill)'을 키워줘야 한다고 강조한 바 있다. 소프트 스킬이란 지적 능력이나 지식 외에 사람이 살아가는 데 꼭 필요한 비인지능력을 뜻하는데, 어려움을 참아내는 인내력, 다른 사람과 잘 어울릴 줄 아는 친화력 등이 핵심이다. 헤크먼 교수가 강조하는 소프트 스킬은 결국 그릿과 소통능력으로 바꾸어 말할 수 있을 것이다. 그 후에도 몇 차례 더 한국을 방문했던 헤크먼 교수는 한국의 부모들이 추구하는 조기교육이 지나치게 경쟁적 모델에 치우쳐 있다고 비판했으며, 한국의 교육제도가 끈기, 동기유발과 같은 비인지능력의 계발을 간과하고 있다고 지적하기도 했다.

헤크먼 교수가 역설하는 소프트 스킬이 성공적인 삶에 매우 중요하다는 사실은, 다른 연구를 통해서도 밝혀진 바 있다. 1972년 뉴질랜드 남섬에 위치한 더니든에서 대규모의 종단연구가 시작되었다. 연구의 목적은 사람을 건강하고 행복하고 부유하게 만드는 요인이 무엇인지를 찾기 위한 것이었다. 이 연구는 1972년 4월에서 1973년 3월 사이에 태어난 1037명의 신생아를 대상으로 30여 년의 추적조사를 통해 이루어졌다. 이들 조사 대상자는 32세 성인이 되었을 때, 96%나 계속 패널에 남아 있었다. 연구자들은 조사 대상자들이 3세, 5세, 7세, 9세, 11세가 되던 해에 여러 가지 성격이나 지능을 측정했다. 그 결과 이들이 32세 성인이 되었을 때 건강하고 부유하고 행복한 삶을 살게 하는 것은 지능이 아니라, 그릿을 포함한 비인지능력이라는 사실이 분명하게 드러났다.[46]

어린 시절(3~11세)에 자기조절력, 참을성, 침착성의 수준은 높고 충동성, 공격성의 수준은 낮았던 아이들은, 32세가 되었을 때 경제적으로 훨씬 더 부유했다. 소득수준이 더 높았으며, 신용 문제나 재정적 문제로 고민할 가능성은 훨씬 낮았다. 게다가 모든 면에서 훨씬 더 건강했다. 건강검진 결과 비만, 고혈압, 고지혈증(고콜레스테롤), 염증반응, 심혈관 질환, 대사증후군의 비율이 현저하게 낮았다. 신체적으로뿐 아니라 정신적으로도 더 건강했다. 우울증에 걸린 비율은 더 낮았으며, 알코올이나 약물중독의 비율도 훨씬 더 낮았다. 자기조절력의 이러한 긍정적인 효과는 지능이나 사회경제적 지위가 주는 효과를 통제한 후에도 사라지지 않았다.

여러 결과를 종합했을 때 원래 부유한 집안에서 태어났느냐의 여부보다는, 어렸을 적에 자기조절력이 있었는지가 경제적 안정을 결정짓는 것으로 나타났다. 그뿐 아니라 범죄에 연루될 가능성도 낮았다. 즉 3~11세 아동기의 그릿 수준은, 어른이 되어서 얼마만큼 성공적인 삶을 살게 될 것인지를 단적으로 예측할 수 있는 지표라 하겠다. 아이가 경제적으로도 풍요로운 행복한 어른으로 성장해나가길 바란다면, 얼마간의 재산을 물려주는 것보다는 그릿을 키워주는 것이 훨씬 더 현명한 일이다.

공부를 잘하려면 그릿부터 키워라

헤크먼 교수는 유아교육뿐 아니라 미국의 고등학생과 대학생의 교육에도 지대한 관심을 가졌다. 그는 미국의 고등학교 졸업자격 검정고시인 GED 출신자들에 대해서도 많은 연구를 했다. GED 프로그램은 고등학교를 마치지 못한 학생이 시험에 합격하면 고등학교 졸업자격을 부여해 대학에 진학할 수 있도록 하는 일종의 검정고시 제도다. 그런데 만 22세가 되었을 때 정규 고등학교 졸업자들은 46%가 4년제 대학에 다니고 있었으나, GED 합격자는 그 비율이 단 3%밖에 되지 않았다. 학업능력이나 지능 등 인지능력에서는 GED 합격자와 일반 고등학교 졸업자 사이에 별다른 차이가 없었다. 오히려 가정환경도 GED 출신자들이 일반 고등학교 출신자들보다 약간 더 부유한 것으로 나타났다. 하지만 GED 합격자들은 지루한 것을 꾹 참고 해내는 끈기, 당장의 만족을 지연시키고 목표에 집중하는 능력, 계획을 끝까지 완수해내는 능력 등이 부족했다.[47] 즉 이들에게는 '그릿'이 부족했던 것이다. 그릿이야말로 성공적인 학업능력의 핵심 요인임을 다시 한번 보여주는 연구결과다.

우리는 막연히 공부를 잘하는 학생은 머리가 좋거나, 원래 공부를 잘하게끔 타고났을 거라고 생각하기 쉽다. 그러나 과학적 연구결과는 그렇지 않다는 것을 분명히 보여준다. 그릿은 지능과는 별 상관이 없거나 오히려 반대되는 상관관계를 갖는다. 지능이 높아도 열정과 집념이 부족하다면 뛰어난 성취를 이룰 수 없다는 뜻이다. 반대로 머리가 나쁘고 재능이 부족해도 열정과 끈기가 충분하다면 높은 성취도를 보일 수 있다.

여기서 우리는 드웩 교수의 능력성장믿음에 대한 연구를 다시 한번 떠올릴 필요가 있다. 지능이 높다고 해서 그릿이 높은 것은 아니지만, 지능에 대한 믿음은 그릿에 영향을 미칠 수 있다는 것이다. 가령 지능이 선천적이며 고정된 것이라고 믿는 아이는, 어떤 일을 시도했다가 실패하면 자신의 능력 밖이라 생각하고 쉽게 포기해버린다. 어려운 수학문제를 만나면 '나는 머리가 나빠서 수학을 못하니까' 하고 아예 포기해버리는 식이다. 반대로 자신의 능력이 고정된 것이 아니라 변할 수 있고 향상될 수 있다고 믿는 아이는 실패에도 굴하지 않고 끈기 있게 도전한다. 아이의 학습능력은 그릿에 따라 얼마든지 달라질 수 있다. 한두 번 실패한다고 끝이 아니라는 믿음을 갖고 열정과 끈기를 발휘한다면 성적은 오르게 되어 있다. 이처럼 그릿은 인지능력도 향상시킨다. 하지만 그 반대는 성립하지 않는다. 그릿을 갖춘 사람은 지능도 높아질 수 있지만, 지능이 높다고 해서 그릿이 생기는 것은 아니다. 이는 당신의 아이가 똑똑하고 성공적인 사람으로 성장하기를 바란다면 반드시 그릿부터 키워줘야 한다는 뜻이다.

또한 공부를 잘하기 위해서는, 단지 잘하고 싶다는 의욕이나 순간적인 몰입만으로는 부족하다. 누구나 한 번쯤 '그래, 공부 그까짓것, 오늘부터 열심히 하면 되지 뭐!' 하고 주먹을 불끈 쥐며 다짐해본 경험이 있을 것이다. 그러나 공부든 일이든 이것만으로는 부족하다. 이에 그치지 않고, 원하는 바를 끝까지 밀고 나갈 '마음의 근력'이 필요하다. 온갖 어려움과 실패에도 굴하지 않는 불굴의 의지, 이 세상과 한번 맞짱을 떠보겠다는 투지, 나 자신과 세상을 바꿔

놓고야 말겠다는 적극적인 도전의식, 원하는 것을 해낼 수 있으리라는 자신감과 당당함, 어떤 역경에도 결코 포기하지 않는 집념이 필요하다. 이러한 것을 가능하게 해주는 것이 마음의 근력인 그릿이다.

의지력이 박약한 아이는 애초 그렇게 태어난 것이 아니라, 그렇게 자라왔기 때문인 경우가 많다. 스스로 판단하고, 스스로 계획을 세우고, 스스로 참아나가면서, 스스로가 원하는 목표를 향해 돌진해가는 경험을 어려서부터 해본 적이 없는 것이다. 오히려 그냥 놔두었으면 자연스레 생겼을 마음의 힘을, 부모의 과도한 개입으로 기회조차 갖지 못했으니 그저 안타까울 따름이다. 공부하라고 강요하고 야단치는 과정에서 부정적 정서만 습관적으로 유발된 나머지 그릿을 길러볼 기회조차 갖지 못했던 것이다.

그릿과 같은 비인지능력은 공부를 잘하기 위해 반드시 필요한 것이고, 어른이 되어서도 성공적인 삶을 살아가는 데 필수적인 능력임에도, 이를 적극적으로 키워주려는 부모를 찾아보기란 쉽지 않다. 그렇다면 어떻게 해야 그릿을 키울 수 있을까? 그릿을 구성하는 세 가지 요소인 자기조절력, 대인관계력, 자기동기력을 통해 보다 구체적으로 살펴보자.

Growing through
Relatedness,
Intrinsic motivation &
Tenacity

3장

자기조절력

나를 조절하고 다스리는 힘

나를 움직이는 힘,
자기조절력

사실 끝까지 노력할 수 있는 힘, 즉 그릿이 필요할 때는 일이 잘 될 때가 아니라, 일이 잘 안 풀릴 때다. 공부에 비유하자면 학교에서 배운 내용이 척척 이해되는 게 아니라, 잘 모르겠고 어렵게 느껴질 때다. 주어진 100분 이내에 수능 수학 30문제를 도저히 풀지 못할 것 같을 때, 지금 도전하고 넘어야 할 산이 내 능력에 비해 너무 높아 보일 때다. 그러나 이때 포기하면 실패하고 만다. 실패하므로 포기하는 것이 아니라, 포기하므로 실패하는 것이다. 끝까지 포기하지 않는다면, 끝까지 내 운명과 내 삶의 주인이 바로 나 자신임을 확신한다면, 그리하여 어떠한 어려움이나 고통에도 굴하지 않고 끊임없이 노력하고 시도한다면, 실패란 없다. 실패해도 다시 일어서면 된다. 현재 겪는 쓰라린 실패는 좌절하지 않는 노력의 과정일 뿐이

다. 그러한 집념만이 나를 살아 있게 한다. 이것이 바로 그릿의 첫 번째 요소인 '자기조절력'의 핵심이다.

자기조절력은 어려운 일을 오래 견디는 지구력이며 끈기이며 집념이다. 이를 키우려면 자기 능력에 대한 근본적인 신뢰가 있어야 한다. 지금은 70점밖에 못 받았지만, 노력하면 90점, 100점을 받을 수 있으리라는 자신감이 필요하다. 자신의 능력에 대한 근본적인 신뢰가 곧 유능감 혹은 효능감이다[학자들은 유능성 지각(sense of competence)과 자기효능감(self-efficacy)을 개념적으로 엄밀히 구분한다. 그러나 '자신이 공부하는 과목에 대한 자신감'이라고 생각한다면 둘을 굳이 구분할 필요는 없다. 그러한 구분은 학자들에게나 필요한 것이고, 유능감을 현실적으로 키워야 하는 학생이나 학부모에게는 무의미해 보인다. 따라서 이 책에서는 유능감을 효능감까지 포괄하는 개념으로 사용한다].

에드워드 데시와 리처드 라이언 교수의 자기결정성 이론에 따르면, '나는 내가 하려는 일을 잘할 수 있다', '나는 무엇이든 열심히 하면 해낼 수 있다'는 유능성 지각 혹은 유능감은 인간의 기본적인 심리적 욕구 중 하나다. 일상생활 속에서 유능감을 느낄 때 사람은 행복해지며, 집념과 끈기를 발휘할 수 있다. 유능감이 높은 사람은 자연스레 자신의 장점과 강점에 대해 더 많이 더 자주 생각한다. 반면 자신의 약점과 단점을 더 많이 떠올릴수록 유능감의 수준은 낮아진다.[48]

어려서부터 "네가 그런 걸 어떻게 하니?", "네 주제를 알아야지.",

“이런 못난 놈”, “멍청한 놈 같으니라고” 등의 꾸지람을 듣고 자란 아이는 실제로 멍청해진다. 스스로를 무능하다고 여길수록 사람은 무능해진다. 유능감을 키워주려면 아이의 자존감을 키워줘야 하며, 어려서부터 존중심을 갖고 대해야 한다. 자신의 강점에 대해 생각할수록 사람은 긍정적이 되고 자아존중감과 유능감이 높아진다.

자신의 분야에서 큰 업적을 남긴 사람들에게는 한 가지 공통점이 있다. 늘 자신의 단점보다는 장점을 봐주고 격려해준 사람이 곁에 있었다는 것이다. 조막손 투수라 불린 미국 메이저리그 야구선수 짐 애보트(Jim Abbott)에 대해 들어본 적 있는가? 그는 태어날 때부터 오른손이 없는 조막손이었다. 그러니 당연히 왼손 투수였다. 그는 공을 던질 때 오른손에 글러브를 낄 수 없어 그저 조막손 위에 걸쳐놓는다. 번트나 땅볼이 굴러오면 순식간에 오른손에 걸쳐놓은 글러브를 왼손에 끼고 공을 잡은 후 다시 글러브를 빼고 왼손으로 1루에 던져 타자를 아웃시킨다. 정말 눈에 잘 보이지도 않을 만큼 짧은 시간에 글러브를 벗고 끼면서 수비를 한다. 물론 이렇게 놀라운 실력을 발휘하기까지는 말할 수 없이 고통스러운 노력의 과정이 있었다.

어린 시절 그가 공을 너무 잘 던지자 상대 타자들은 그가 오른손을 쓰지 못하는 약점을 이용해 번트를 대곤 했다. 한 손을 쓰지 못하는 애보트에게 투수 앞에 떨어진 땅볼은 정말 엄청난 난관이었을 것이다. 하지만 그는 결코 좌절하거나 포기하지 않았다. 대신 그때부터 혼자서 벽을 향해 공을 던지기 시작했다. 벽을 맞고 튀어 나오는 공을 투수 앞 땅볼이라 가정하고 계속 수비연습을 한 것이다. 왼손으로 공을 던지자마자 조막손인 오른손에 그저 걸쳐놓은 글러브를 순식간에 왼손에 낀다. 그러고는 굴러오는 공을 글러브로 잡아서 다시 공이 들어 있는 글러브를 통째로 빼서는 오른팔로 안고 왼손으로 글러브 속에 있는 공을 꺼내서 1루로 던지는 연습을 무수히 반복한 것이다.

그 결과 그는 엄청난 핸디캡을 딛고 전설적인 투수가 될 수 있었다. 미국 야구팀은 야구가 처음 정식종목으로 채택된 1988년 서울 올림픽에서 금메달을 땄다. 이때 애보트는 결승전에 선발투수로 출전해 조국에 역사상 최초로 야구 금메달을 안기는 영예를 누렸다. 뿐만 아니라, 1993년에는 메이저리그 막강 타선을 자랑하던 클리블랜드 인디언스를 상대로 9회 내내 단 1개의 안타도 허용하지 않는 노히터 경기를 보여주기도 했다.

그가 장애를 극복하고 성공적인 스포츠 선수로 성장할 수 있었던 것은 무엇보다도 부모의 적극적인 격려와 응원 덕분이었다. 그는 어려서부터 운동을 좋아했고 미식축구와 야구 등에 소질을 보였다. 그의 부모는 장애를 가진 아들이 운동선수가 되겠다고 했을 때 말리기는커녕, 오히려 적극적으로 응원하며 자신감을 심어주었다. 코치는 그의 오른손 장애를 고려하여 미식축구를 권했지만 짐 애보트는 야구선수가 되고 싶어 했고, 그의 부모는 "너는 공을 잘 던지니 투수도 잘할 수 있을 것"이라며 격려했다고 한다. 장점을 구체적으로 언급하면서 자신감과 유능감을 계속 키워준 것이다. 그 덕분에 애보트는 자신의 단점인 오른손에 집중하며 그 장애를 해결하려는 인생이 아니라, 장점인 왼손에 집중하여 공을 더 잘 던지려는 노력을 하며 살 수 있었다.

애보트는 고등학교를 졸업할 무렵에 한 프로구단으로부터 입단제의를 받았다. 그의 실력에 비해 과분한 제안이었다. 물론 그가 장애인임을 고려하여, 팀의 상징적인 존재로 삼으려는 의도였다. 애보트는 이 제안을 거절하면서 이런 말을 남겼다. "나는 내 오른손이 아니라 왼손으로 유명해질 것이다." 그리고 정말 그렇게 해냈다.

장점은 보고자 마음먹어야 보인다

우리 문화와 교육 시스템의 커다란 문제점은 학생들에게 단점에만 집중하도록 요구한다는 것이다. "이번에 수학시험을 못 봤으니 수학을 더 열심히 해야지", "너는 영어문법이 약하니까 문법에 신경 써야 한다"라며 단점을 보완할 것을 끊임없이 요구한다. 그러나 남들보다 뒤처지는 단점을 메우는 데만 한평생 집중하다가는 기껏해야 모든 면에서 평균적인 사람밖에 되지 못한다. 사실 의무교육제도는 '누구도 어떤 면에서 특별히 뒤처지게 내버려두지 말자'는 가치관을 바탕으로 한다. 다시 말해 개인의 수월성이나 탁월성에 중점을 두는 교육이 아니다.

이러한 교육 시스템에서 성장한 교사나 학부모는 하나같이 아이가 '무엇을 못하는지'부터 바라본다. 우선 단점과 약점과 문제점을 찾아내어 그것을 지적하고 고치라고 요구한다. 늘 약점만 지적받는 아이는 자신이 단점투성이의 무능한 인간이라고 믿게 된다. 사람은 누구나 장점과 단점을 갖고 있다. 하지만 단점만 보려고 하면 단점밖에 보이지 않는다.

인지심리학자 크리스토퍼 차브리스의 '보이지 않는 고릴라'라는 유명한 동영상 실험이 있다. 검은 옷을 입은 사람 3명과 하얀 옷을 입은 사람 3명이 서로 섞여서 같은 색 옷을 입은 사람끼리 농구공을 주고받는다. 사람들에게 "하얀 옷을 입은 사람들끼리 공을 몇 번 패스하는지 세어보라"고 주문하면, 사람들은 비디오를 보며 하얀 옷을 입은 사람들의 움직임에 집중하며 그들이 주고받는 패스를 마음속으로 세기 시작한다. 그때 거의 사람 키와 비슷한 시커먼 고릴라가 화면 오른쪽에서 나타나 한가운데로 천천히 걸어온다. 그러고는 한가운데 서서 자기 가슴을 몇 번 두드리고는 다시 천천히 무대 왼편으로 사라진다. 그때까지도 화면 속 사람들은 공을 계속 주고받는다. 영상이 끝난 후 하얀 옷을 입은 사람들이 공을 몇 번 주고받았는지 물으면, 비디오를 본 사람들은 대개 정확하게 몇 번이라고 답한다. 그런데 신기하게도 고릴라를 봤냐고 물으면 많은 사람이 고릴라를 못 봤다고 대답한다. 물론 고릴라 비디오를 이미 봤거나 알고 있는 사람은 고릴라를 본다. 이들을 제외하고 처음 영상을 본 이들 중에서는 대략 절반 이상, 때로는 80% 이상의 사람이 고릴라를 보지 못한다. 비디오를 다시 처음부터 보여주면 사람들은 깜짝 놀란다. 저렇게 큰 고릴라가 저렇게 천천히 나타났다 한가운데 멈춰 서서 주먹으로 가슴까지 치다가 지나갔는데 보지 못했다니!

이 실험에서 알 수 있듯이 우리가 무언가를 본다는 것은 단순히 눈에 시각정보가 들어온다는 의미가 아니라, 시각정보를 뇌로 인지한다는 뜻이다. 즉 우리는 보고자 마음먹은 것만 본다. 사람들이 검은 고릴라를 보지 못한 이유는 단 하나다. 하얀 옷을 입은 사람들이 공을 몇 번 패스하는지를 세기 위해 '하얀색'에 집중해서 비디오를 보았기 때문이다. 만약 검은 옷을 입은 사람들이 몇 번 패스하는지를 세어보라고 했다면, 시커먼 고릴라를 틀림없이 보았을 것이다. 하얀 옷에 집중하면 검은 고릴라가 보이지 않는다. 눈으로는 봐도 뇌에서 그 시각정보를 처리하지 않기 때문이다.

단점과 장점도 마찬가지다. 모든 사람은 하얀 단점과 검은 장점을 갖고 있다. 그런데 하얀 단점만 보려고 하면 시커먼 고릴라처럼 장점이 눈앞에 빤히 있는데도 전혀 보이지 않는다. 당신 자신이나 자녀 혹은 주변 사람들의 장점이 보이지 않는 건, 그들에게 장점이 없어서가 아니라 당신이 보려고 하지 않기 때문이다. 타인의 장점을 보지 못하는 사람은 그들을 존중하는 마음을 갖기 힘들다. 타인에 대한 존중이 부족한 사람은 자아존중감도 낮다. 자기 자신에 대해서도 하얀 단점만을 들여다보고 있기 때문이다. 만약 짐 애보트나 그의 부모가 단점인 오른손만 들여다보고 있었다면 어떻게 되었을까?

공부 역시 마찬가지다. 잘 못하는 과목이 아니라 잘하는 과목에 더 집중해야 한다. 그래야 더 효과적으로 성적을 올릴 수 있다. 공부의 효과가 우선적으로 나타나는 과목은, 내가 잘하고 재미있다고 느끼는 과목이다. 이런 과목에 집중해서 성적이 오르면 더 높은 수준의 자신감과 유능감을 갖게 된다. 예컨대 아이가 과학을 잘한다면 과학을 더 열심히, 재미있게 하도록 격려해주어라. 다른 과목도 과학처럼 잘할 수 있다는 자신감이 흘러넘치도록 말이다. 잘하는 과목에 집중해서 그 과목의 성적을 최대한 끌어올리는 경험을 하게 되면 다른 과목도 점차 잘하게 된다. 못하는 과목에 집중하면 효과도 적을 뿐 아니라, 자칫 공부해도 별 변화가 없다는 좌절감마저 느끼기 쉽다.

비단 학생의 공부뿐만이 아니다. 어른도 마찬가지다. 자신의 장점에 집중해 성공한 이들이 얼마나 많은가. 장점에 집중해야 하는 건 개인만이 아니다. 조직도 마찬가지다. 100여 개의 체인점을 운영하는 어느 햄버거 회사의 얘기다. 이 회사는 매년 매출액 최하위를 기록하는 10개 점포에 일정액을 투자해 리노베이션도 하고 인력도 보충하곤 했다. 그러한 투자를 받은 점포들은 매출이 50% 정도 증가했다. 그러나 이 회사는 '장점에 집중하라'는 경영 컨설팅을 받고는 매출액 최상위 점포에 같은 액수를 투자하기 시작했다. 결과는 어떠했을까? 최상위 점포들은 동일한 투자를 받고도 매출액이 무려 6~7배나 증가했다.

그런데 우리 사회는 단점만을 들여다보기를 강요한다. 나 자신이나 주변 사람들의 장점이나 강점을 보려 하지 않는다. 아예 묻지도 않는다. 일상생활에서 타인의 장점이나 강점을 묻는 사람을 본 적이 있는가? 오죽하면 '당신, 잘난 게 뭐요?'는 싸울 때나 쓰는 말이 되어버렸다. 이제 자신의 장점과 주변 사람들의 장점을 찾아보자. 학부모라면 자녀의 장점을 더 많이 찾아내 아이에게 자꾸 알려주자. 그래야 유능감이 생기고, 더불어 그릿의 기반인 자기조절력이 탄탄해진다.

집념의 원천, 자기조절력

여러 가지 어려움을 극복하고 집념을 발휘하는 것은 쉬운 일이 아니다. 늘 중상위권에서 맴돌던 학생이 수개월 뒤 혹은 1년 뒤에 최상위권으로 성적을 획기적으로 끌어올리는 것은 얼마나 어려운 일인가. 공부를 썩 잘하지 못하던 학생이 어느 날 공부를 아주 잘하게 되는 것은 상당한 변화가 있어야 가능한 일이다. 이는 자신에게 부여된 성취를 저해하는 요소를 극복하는, 일종의 자기결정적 행동이다.[49]

심리학이나 교육학, 커뮤니케이션학 등 대부분의 사회과학은, 전통적으로 인간의 행동에 영향을 미치는 환경적 혹은 성격적 요소를 찾아내는 데 집중한다. 개인의 고유한 기질이나 개인을 둘러싼 환경이 그 사람의 행동에 영향을 미친다고 보기 때문이다. 공부를 예로 들자면 학생 개인의 성격이나 지능, 그를 둘러싼 환경(가정환경, 부모의 가치관, 학교 교육, 교사의 자질 등)이 그 학생의 성적을 결정짓는다고 보는 것이다. 사회과학적으로 말하자면 기질과 환경은 독립변수이며, 개인의 행동과 성취는 그에 의해 결정되는 종속변수다. 이러한 관점에 따르자면 한 학생의 성적이 대폭 오르는 것은 거의 불가능한 일이다. 왜냐하면 그 학생의 성적을 결정하는 요인들(성격이나 지능, 혹은 여러 가지 환경요소)을 대폭 변화시키기란 어렵기 때문이다.

하지만 크리스틴 포라트와 토머스 베이트먼의 '초월적 행동'이라는 개념은 이에 동의하지 않는다. 인간은 자율적인 의지와 행동으로 자신의 기질과 환경까지 바꿀 수 있다는 것이다.[50] 사실 세상을 바꾸는 것은 이러한 초월적 행동이다. 세계 역사만 봐도 초월적 행동을 할 수 있는 자가 세상을 지배한다. 인간은 환경의 영향을 받는 존재이지만, 자율적이고 독립적인 의지로 자신의 환경을 바꾸어 놓기도 한다. 성적을 올리는 것 역시 일종의 '초월적 행동'이다.

한편 포라트와 베이트먼은 이러한 초월적 행동은 자기조절력에서 비롯된다고 역설한다. 그들은 세일즈맨에 대한 종단연구를 통해 자기가 하는 일을 좀 더 잘하려는 의지가 강한 사람일수록 영업실적이 높다는 사실을 발견했다. 반면 늘 자신을 다른 사람과 비교하면서 남에게 뒤지지 않는 것만을 일차적 목표로 삼는 사람일수록 영업실적이 낮았다. 돈 반드발 등도 종단 데이터를 통해 영업사원들이 추구하는 목표의 성향이 실적에 어떠한 영향을 미치는지를 살펴보았다. 이 연구결과도 마찬가지로 자신의 일을 더 배우고 더 잘하는 데 일차적인 목표를 둔 영업사원들의 실적이 그저 남보다 더 잘하는 데 초점을 맞춘 사람보다 훨씬 더 높았다.[51]

학생들의 성적에 관한 연구에서도 이러한 연구결과와 일치하는 내용을 찾을 수 있다. 자신이 배운 것을 더 잘 이해하고, 좀 더 어려운 문제에 도전하며, 배운 내용을 완전히 자기 것으로 만드는 '숙달'을 목표로 하는 학생일수록 성적이 지속적으로 향상되는 것으로 밝혀졌다. 반면 다른 아이들에게 뒤지지 않는 것을 일차적 목표로 삼고 공부하는 아이들은 성적이 떨어지는 것으로 나타났다.

늘 중상위권에서 맴돌던 학생이 최상위권으로 성적을 대폭 올리려면 상당한 초월적 행동을 해야 한다. 늘 해오던 습관과 주변 환경에 영향을 받던 자신의 행동을 능동적으로 확 뜯어고쳐야 하기 때문이다. 그러려면 상당한 정도의 신념과 행동의 변화가 필요하다. '내 실력은 이 정도겠지', '나는 지금 이 정도밖에는 공부할 수 없어', '이 정도면 많이 한 거야', '이쯤 했으니 이제 딴짓 좀 해야지' 등등의 고정관념에서 확 벗어나야 한다. 고정관념은 우리가 가진 일종의 습관이다. 누구에게나 나의 오늘은 나의 어제와 비슷하고, 나의 내일은 나의 오늘과 매우 비슷할 것이다. 그냥 그렇게 하루하루 살아가는 것이다. 이러한 일상의 관성을 깨고 생각과 행동의 습관을 확 바꾸려면 초월적 행동이 요구된다. 마음먹은 일을 끝까지 밀어붙이는 힘인 자기조절력은 초월적 행동을 위해 반드시 필요하다.

의지의 문제가 아니라 전전두피질의 문제다

학업계획 등의 목표를 세우고 꾸준히 그것을 밀고 나가는 자기조절력은 우리 뇌 변연계의 감정을 통제하는 강력한 전전두피질의 기능과 관련이 있다. 단순화해서 말하자면, 변연계는 주로 감정 작용과 관련된 뇌 부위이고, 전전두피질은 이성적 판단이나 종합적 분석 등을 담당하는 부위다. '전전두피질'은 자신이 하고자 하는 일을 계획하고 끝까지 완수해내는 의지력과 자기조절력의 원천이다. 따라서 전전두피질이 약화되면 과제수행력과 학업성취도가 현저하게 낮아진다.

전전두피질이 손상된 환자에게 숫자를 20부터 거꾸로 세어보라고 하면, 환자는 '20, 19, 18, 17, 16…' 이렇게 천천히 세어간다. 그러나 1에 다다를 때까지 끝까지 세지 못하고 12나 11쯤에서 갑자기 숫자를 원래 순서대로 세기 시작한다. '14, 13, 12, 11, 12, 13, 14, 15, 16…' 이런 식으로 말이다. 숫자를 거꾸로 끝까지 세려면 억제력을 발휘해 늘 순서대로 세던 '습관'을 억눌러야만 한다. 즉 쉬운 것을 참고 어려운 길을 가야 하는 것이다. 그러나 전전두피질이 손상된 환자는 이처럼 습관을 끝까지 억누르는 의지력이 부족하다.

이번에는 전전두피질이 손상된 환자에게 12월부터 역순으로 달을 세어보라고 한다. 그러면 환자는 12월, 11월, 10월, 9월(December, November, October, September…), 하다가 갑자기 숫자 9, 10, 11, 12(nine, ten, eleven, twelve)를 센다. 바로 이전 과제였던 숫자 세기 모드로 돌아가는 것이다. 이것은 기억력의 문제가 아니다. 환자는 분명 첫 번째 과제인 숫자 세기가 끝났고, 이제는 두 번째 과제로 12월부터 거꾸로 달을 세어야 한다는 것을 알고 있다. 그럼에도 자기도 모르는 사이에 두 번째 과제에 계속 집중하지 못하고 그냥 먼저 했던 첫 번째 과제로 흘러가버리고 마는 것이다. 이처럼 전전두피질이 약화되면 자신이 하고자 하는 일에 집중하기가 어려워진다.

또 다른 예를 살펴보자. 전전두피질의 기능이 손상된 환자에게 시곗바늘이 없는 빈 시계 판을 주면서(다음 쪽 그림 참조) 9시 10분을 나타내는 바늘을 그려 넣어보라고 하자, 환자는 숫자 9를 가리키는 바늘 하나와 10을 가리키는 바늘 하나를 그린다. 8시 50분처럼 보이게 말이다. 9시 10분을 나타내려면 작은 바늘은 9를 향하게

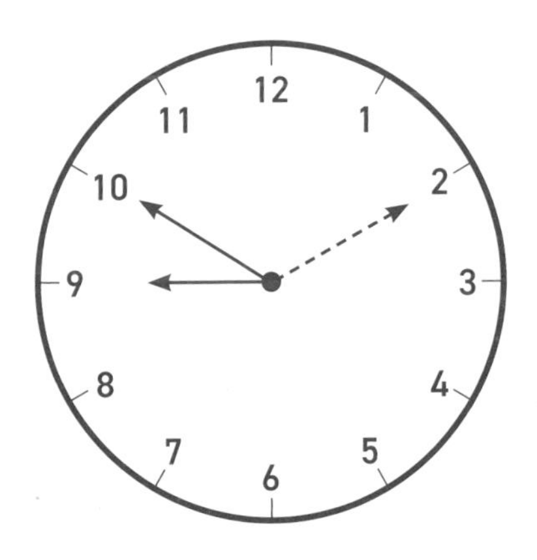

그리고 큰 바늘은 숫자 2를 향하게 그려야 하는데, 그냥 숫자 10을 향하게 그리는 것이다. '10분'이니까. 놀라운 것은 이 환자가 시계를 볼 줄 안다는 사실이다. 즉 시계 보는 법을 몰라서 그렇게 그리는 것이 아니다. 10분을 시계 판에 나타내려면 '10'이라는 숫자를 들었더라도 '2'에 표시해야 하는데, 여기에는 상당한 자기통제력이 요구된다. 그냥 들은 대로 쉽게 표현하려는 욕구를 통제하고 10 대신 숫자 2를 통해 표현해야 하는 자기조절력이 부족해서 나타나는 현상이다.

이처럼 하고자 하는 일에 집중할 수 있는 마음근력의 원천은 바로 전전두피질이다. 쉽지만 결과가 좋지 못할 것 같은 일과 어렵지만 보다 바람직한 결과가 예상되는 일 사이에서, 전전두피질은 어려운 쪽을 선택할 수 있게 해준다. 가령 지금 당장 게임을 하거나 텔레비전을 보고 싶지만 내일이 시험이니 욕구를 억누르고 공부에 집중하려면, 전전두피질의 '자기조절력'이 발휘되어야 한다. 일상적인 습관이나 늘 하던 행동을 스스로의 의지에 따라 바꿀 수 있는 것도 다 전전두피질 덕분이다.

전전두피질의 이러한 기능은 '만족의 지연(delay of gratification)'으로 나타난다. 지금 당장 작은 욕구를 참으면 더 큰 보상이 온다는 것을 안다면, 눈앞에 보이는 만족을 취하는 대신 미래의 더 큰 보상을 위해 자기통제를 하는 것이 만족의 지연이다.

즉각적인 만족인가, 지연된 보상인가

전전두피질의 기능 저하로 자기조절력이 훨씬 약한 침팬지는 만족을 지연하지 못한다. 침팬지에게 나뭇조각 10개를 선택하면 초콜릿 1개를 주고, 나뭇조각 1개를 선택하면 초콜릿 10개를 준다는 규칙을 학습시켜보자. '나뭇조각 10개=초콜릿 1개', '나뭇조각 1개=초콜릿 10개'라는 법칙을 이해시키는 것이다. 연구자는 이렇게 훈련된 침팬지 앞에서 한 손에는 나뭇조각 1개를, 다른 한 손에는 나뭇조각 10개를 얹어놓고 펼쳐 보인다. 이때 침팬지는 나뭇조각 1개를 선택하고는 의기양양하게 초콜릿 10개를 얻어간다.

그런데 만약 나뭇조각 대신 초콜릿을 사용하면 어떨까? 초콜릿

1개를 선택하면 초콜릿 10개를 받게 되고 초콜릿 10개를 선택하면 초콜릿 1개만을 받게 된다는 규칙을 분명히 이해하게끔 침팬지를 계속 훈련한다. 이제 연구자가 한 손에는 초콜릿 1개를, 다른 손에는 10개를 얹어놓고 펼쳐 보이면 침팬지는 무엇을 택할까? 침팬지는 무조건 초콜릿 10개 쪽으로 손을 뻗는다. 물론 이렇게 하면 초콜릿 1개밖에 얻지 못한다. 이 과정을 아무리 반복해도 나뭇조각을 사용할 때와는 달리, 침팬지는 늘 초콜릿이 많은 쪽으로 손을 뻗고 만다. 당장 눈앞에 보이는 유혹을 아주 잠깐이라도 참아내면 더 큰 보상을 얻을 수 있는데, 자기조절력을 발휘하지 못하는 것이다.[52] 이러한 현상은 전전두피질이 손상된 환자에게서도 똑같이 볼 수 있다. 하지만 정상인 사람은 어린아이라도 당연히 초콜릿 1개를 선택하고는 여유 있게 초콜릿 10개를 받아간다.

어린아이의 '만족의 지연'에 대한 가장 유명한 연구는 마시멜로 실험이다. 네 살 된 아이에게 달콤한 마시멜로를 하나 준다. 그러고는 "선생님이 돌아올 때까지 이걸 안 먹고 참고 있으면 하나 더 줄게"라고 말한 뒤 방을 나간다. 아이는 혼자 마시멜로를 마주하고 앉아 있게 된다. 이때 마시멜로의 달콤한 유혹을 15분 이상 견뎌내고 마시멜로를 하나 더 얻었던 아이들은 나중에 고등학생이 되었을 때 학업성취도가 월등히 뛰어났고, 어른이 되어서는 정신적으로 더 건강했으며 회복탄력성 수준이 높았고 사회적 책임감도 강했다. 한편 반사회적 행동이나 중독에 빠지는 가능성은 현저하게

낮았다. 마시멜로를 안 먹고 기다린 아이들은 자기조절력과 의지력이 강한 아이들이었다.[53]

그뿐 아니라 이렇게 자기조절력이 뛰어난 고등학생들은 다음 시험에서 적어도 어느 정도의 점수를 받을 거라는, 최저 점수를 훨씬 더 정확하게 예측해냈다. 스스로의 성취 정도를 자신의 의지력으로 이룰 수 있는 능력이 훨씬 더 뛰어나다는 뜻이다.[54]

이처럼 강한 자기조절력이 발휘되려면 전전두피질의 기능이 강해야만 한다. 실제 뇌 영상 연구를 통해서도 자기조절력이 높은 사람들은 전전두피질의 활동성이 더 높은 것으로 나타났다. 전전두피질의 기능이 약한 아이들은 공부를 해야 한다는 것을 알고 있고 자기도 하고 싶어 하지만, 그것을 실행에 옮길 자기조절력과 의지력이 발휘되지 않으니 공부에 집중할 수 없게 된다. 하기 싫어서 안 하는 것이 아니라, 하고 싶은데 자기조절력이 받쳐주지 않으니 못 하는 것이다.

학부모와 교사들은 이 점을 꼭 염두에 두어야 한다. 마음만 먹으면 공부할 수 있는 의지력을 지닌 학생은 오히려 드물다는 사실을 알아야 한다. 공부를 할 수 있는데 게으르고 무책임해서 안 하는 것이 아니라 못하는 경우가 많다. 할 수 있는데 '안 하는' 아이도 물론 있겠지만 그러한 아이는 오히려 소수이며, 대다수 학생은 하고 싶어도 할 수 없어 '못하는' 상태다. 즉 공부가 손에 안 잡히고, 집중이 안 되고, 하려는데 자꾸 딴생각이 나고, 다른 쪽으로 주의가

흩어지는 증상은 자기조절력이 부족해서 생기는 것이지, 단순히 생각이 없거나 게을러서 그런 것이 아니다.

이런 아이를 억지로 붙잡아서 책상 앞에 앉아 있게 한다고 하루아침에 집중력이 생겨날까? 다리 근육이 약해서 걷기도 힘든 아이에게 뛰라고 다그치는 격 아닐까? 그렇다면 어떻게 해야 할까? 자기조절력은 마치 근육의 힘과 같아서 일시적으로 많이 소비하면 약화될 수밖에 없다. 하지만 많은 연구가 마치 근육처럼 계속 훈련하고 강화하면 얼마든지 더 강해질 수 있다고 밝히고 있다.[55]

자기조절력을 키우려면 우선 자그마한 일에서부터 의지력을 발휘해 실천해나가는 훈련을 해야 한다. 그리고 무엇보다도 스트레스를 받지 않도록 해야 한다. 스트레스는 자기조절력의 가장 큰 적이기 때문이다. 긍정적 습관을 들이는 것도 매우 중요하다. 주변 사람들과 원만한 대인관계를 유지하는 소통능력을 기르는 데도 자기조절력 향상에 큰 도움이 된다. 규칙적인 운동 역시 효과적이다. 우선 전전두피질의 기능에 대해 좀 더 알아본 후에, 자기조절력 향상법에 대해 차근차근 살펴보도록 하자.

아이의 전전두피질은 제대로 작동하고 있는가

전전두피질은 굳은 결심을 끝까지 밀고 나가는 끈기와도 관련이 있을 뿐 아니라, 공부한 내용을 이해하고 잘 기억하는 데도 결정적인 역할을 한다. 사실 공부하고 시험을 보는 등의 행위는 대부분 전전두피질과 관련이 깊다. 어떤가, 당신 자녀의 전전두피질은 제대로 작동하고 있는가?

잠시 테스트를 하나 해보자. 당신의 자녀든, 친구든, 주변에 있는 사람이든 누구든 상관없다. 앞에 앉은 '누군가'에게 다음 내용을 보통의 빠르기로 또박또박 한 번만 읽어줘 보자.

> 대형 마트에 쇼핑을 갔다고 상상해보세요.
>
> 당신은 우유, 드라이버, 축구공, 사과, 야구공, 망치, 바나나, 배구공, 콜라, 사이다, 스패너, 농구공, 주스, 수박, 송곳, 귤, 이렇게 16개 물건을 샀습니다.
>
> 자, 이제 구입한 물건을 생각나는 대로 말해보세요.

얼핏 보면 기억력 테스트 같다. 하지만 결코 단순한 암기력 테스트가 아니다. 16개 품목을 갑자기 단 한 번 듣고 모두 기억해내기는 매우 어렵다. 아마도 당신의 실험 대상은 16개 물건 중 절반도 채 기억하지 못할 것이다. 그럼 곧바로 16개의 항목을 한 번 더 읽어준다.

> 당신이 산 물건들을 한 번 더 읽어드리겠습니다.

우유, 드라이버, 축구공, 사과, 야구공, 망치, 바나나, 배구공, 콜라, 사이다, 스패너, 농구공, 주스, 수박, 송곳, 귤.
자, 이제 구입한 물건을 다시 한번 말해보세요.

두 번째는 분명 첫 번째보다는 더 많이 기억할 것이다. 그러나 여전히 16개 물건을 모두 기억해낼 수 있는 사람은 그리 많지 않을 것이다. 이제 한 번 더 읽어준다. 세 번째부터 대부분의 사람들은 이 품목들이 네 종류로 구성되어 있다는 것을 알아차리기 시작한다. 이를 깨닫는 순간 사람들은 범주로 나누어 기억하기 시작한다. 드라이버, 망치 등을 이야기한 후에 야구공, 농구공 등을 언급하는 식이다. 이제 훨씬 더 기억을 잘하게 될 것이다.

이처럼 개별적인 항목들로부터 음료수, 도구, 공, 과일이라는 상위 개념을 추출해내고, 그에 따라 항목들을 분류하려고 시도하고 있다면, 그 사람의 전전두피질은 제대로 작동하고 있는 것이다. 이러한 분류화, 체계화, 개념화의 능력이야말로 전전두피질의 고유하고도 독특한 기능이다.

전전두피질의 기능이 약한 사람이라면 여전히 분류화를 하지 못한 채 계속 16개 품목을 하나하나 개별적으로 기억해내고자 노력할 것이다. 반면 전전두피질의 기능이 매우 뛰어난 사람이라면 두 번째, 심지어 맨 처음부터 분류하려고 시도했을 것이다.

학생들이 무언가를 배우고 이해하는 과정에서 가장 핵심적인 것이 '분류화'의 능력이다. 개별적인 것들에서 공통적인 속성을 파악하고 그것의 상위 개념을 묶어내는 '분류화(categorization)'는 효율적인 학습을 위해 꼭 갖춰야 할 능력이다. 가령 축구·야구·농구에서 '공을 갖고 하는 스포츠'라는 공통점을 얼른 발견해 '구기 종목'이라 개념화하고, 달리기·멀리뛰기·높이뛰기 등을 '육상 경기'라고 개념화하는 것이 바로 분류화다. 나아가 구기 종목과 육상 경기 등을 합쳐서 '스포츠'라고 한다는 위계적인 개념화도 분류화의 중요한 요소다. 흔히 '관찰력'이라고 표현하는 것도 대부분 이 분류화의 인지기능에 속하는 경우가 많다. 뇌에서 이러한 분류화를 담당하는 부위가 바로 전전두피질이다.

공부와 관련된 전전두피질의 또 다른 기능은 충동을 통제하고 감정을 조절하는 능력이다. 인간의 뇌는 크게 세 층으로 이루어져 있다. 뇌의 가장 깊은 부분은 뇌간이라 불리는 곳으로, 생명작용과 직결된 기능, 예컨대 호흡, 수면, 심장박동 등을 담당하는 부위다. 그것을 둘러싸고 있는 두 번째 층이 보상체계와 감정적 정보 등을 처리하는 변연계다. 앞에서 살펴본 보상 및 동기와 관련된 도파민 시스템 역시 변연계의 일부이며, 부정적 정서 유발과 관련이 있는 편도체, 단기기억을 장기기억으로 전환하는 해마체, 역겨움 혹은 고통과 관련이 많은 인슐라 등 다양한 부위로 구성되어 있다. 공감, 고통 등의 정서정보 처리와 관련이 깊은 전방대상피질은 대뇌피질에 위치하지만 변연계의 일부로 간주되기도 한다. 변연계를 둘러싼 뇌의 가장 바깥 부분을 이루는 것이 대뇌피질이다. 이 대뇌피질은 많은 표면적을 좁은 두개골 안에 구겨넣어야 하므로 쭈글쭈글 주름이 잡혀 있다. 이 대뇌피질의 앞부분이 바로 전전두피질이다.

인간의 의식과 기억은 주로 대뇌피질에서 발생한다. 우리는 변연계에서 일어나는 일을 직접 느끼지는 못한다. 우리의 의식은 대뇌피질을 중심으로 이루어지는 작용에 불과하다. 뇌의 깊은 곳에 있는 변연계나 뇌간에서 일어나는 일은 우리가 직접 인식하거나 의식적으로 조정할 수 없는 무의식의 세계인 셈이다. 대뇌피질, 특히 그 중에서도 전전두피질은 감정의 중추인 편도체와 긴밀하게 상호작용한다. 간단하게 말하자면, 편도체와 전전두피질은 끊임없이 서로를 견제하고 조절하고 통제하려고 한다. 편도체에서 끓어오르는 여러 가지 감정적인 에너지는 호시탐탐 전전두피질을 흔들어놓으려 하고, 전전두피질은 시끄러운 편도체를 억눌러서 차분하고 이성적인 상태를 유지하려고 노력한다. 겉으로 드러나는 인간 행동의 대부분은 전전두피질과 편도체가 상호작용한 결과다.

스스로 감정의 변화를 잘 인지하지 못하거나, 감정조절이 서투르거나, 갑자기 화를 벌컥 내거나 혹은 슬퍼하거나, 충동을 잘 통제하지 못하는 사람은 전전두피질의 기능이 약화되어 편도체를 통제하는 능력이 떨어진 것이다. 알코올은 일시적으로 전전두피질의 억제 기능을 약화시켜 평소 억눌려 있던 편도체의 온갖 감정이 그대로 튀어나오게 한다. 그래서 술에 취하면 괜히 우는 사람도 있고, 사소한 일에 화를 내는 사람도 있고, 평소와 달리 엉뚱한 일을 저지르는 사람도 있다. 모두 편도체가 전전두피질의 통제기능을 일시적으로 무력화한 결과다.

전전두피질의 기능이 무력화되면 공부에 집중하지 못하는 정도가 아니라, 폭력적 행동을 저지를 우려마저 높아진다. 분노나 감정을 조절하는 능력이 매우 약해질 수 있기 때문이다. 실제 범죄자 중에는 전전두피질이 손상된 경우가 상당수 있으며, 미국의 경우 살인범의 25%는 사고나 질병에 의해 전전두피질이 손상된 사람이라는 연구결과도 있다. 어떤 연쇄살인범은 여섯 살 때 교통사고로 전전두피질이 크게 손상되었다는 사실이 나중에 밝혀지기도 했다. 이러한 범죄자들은 자신의 행동이 잘못된 것이고 불법이라는 사실을 잘 안다. 그럼에도 자신의 행동이나 충동을 통제하지 못한다. 규칙을 이해하지 못하는 것이 아니라, 규칙을 따르는 능력을 상실한 것이다.

사람의 뇌에는 여러 부위가 있는데 그중에서도 가장 늦게 완성되는 것이 바로 전전두피질이다. 전전두피질의 발달이 마무리되는 것은 만 25세 전후다. 만 25세 이하의 젊은이는 두뇌적으로는 아직 미성년자이며, 전전두피질이 편도체를 충분히 통제하지 못한다. '질풍노도의 청년기'라는 말의 참뜻은, 아직 뇌가 미성숙해서 감정에 쉽게 휘둘리며 이성적 판단을 제대로 못한다는 것이다. 전전두피질은 가장 늦게 완성되기 때문에 유전적인 영향을 가장 덜 받으며,

동시에 환경적 요인인 교육과 훈련으로부터 가장 많은 영향을 받는 부위이기도 하다. 따라서 어린 시절부터 전전두피질의 신경망을 강화하는 것을 교육의 핵심과제로 삼아야 한다. 그것이 곧 그릿 훈련이다.

자기조절력,
어떻게 강화할 것인가

지금까지 살펴본 것처럼 자기조절력은 주로 전전두피질 신경망에 기반한 기능이다. 그렇다면 전전두피질의 기능인 자기조절력을 어떻게 강화할 수 있을까? 먼저 자기를 조절한다는 것이 무엇인지부터 살펴보자. 자기를 조절한다는 것은 단순히 무언가를 참아내거나 인내하는 것에 국한되지 않는다. 물론 억제능력이 자기조절력의 중요한 요소이기는 하다. 예컨대 "나는 담배를 피우지 않겠어", "나는 더 이상 게임을 하지 않겠어"라고 하면서, 어떤 행동을 하지 않을 수 있는 자기억제력도 자기조절력이 발휘되는 한 예다.

그런데 그릿의 요소로서 자기조절력은 억제하는 능력을 넘어서는 더 포괄적인 개념이다. 즉 무언가를 억제하는 능력에 더해 집중력이나 주의력을 끌어올려서 하고자 하는 일에 자신의 에너지를 쏟아붓는 능력, 즉 노력하는 능력이야말로 자기조절력의 가장 중요한 기능이다. 무언가를 참아내는 능력이든 어떤 일을 해내는 능력이든, 이러한 자기조절력을 키우기 위해서는 전전두피질의 신경망을 강화해야 한다. 그런데 과연 어떻게 가능할까?

이를 이해하기 위해 '자기참조과정(self-referential processing)'이라는 우리 뇌의 기능을 살펴볼 필요가 있다. 자기참조과정이란 '나 스스로 나 자신을 돌이켜보는 과정'을 뜻한다. 우리의 의식은 평소에 항상 외부를 향해 있다. 즉 내 주변에 무엇이 있고, 내 곁에 누가 있으며, 내가 해야 하는 일은 무엇인지 등등 바깥에 있는 사물이나 사건에 주의(attention)를 계속 보내고 그것을 알아채는 데 인지능력을 사용한다. 그런데 외부를 향하던 주의를 나 자신에게 돌려서, 지금 경험하고 있는 나의 느낌이나 감정, 생각 등에 주의를 집중하면 우리의 뇌는 자기참조과정 상태로 전환된다. 즉 나는 지금 무엇을 하고 있는지, 내 기분은 어떤 상태인지, 나는 지금 어디에 있는지 등 자기 자신에게 주의를 집중하는 것(또는 내가 나에 대해 생각하거나 나 자신을 돌이켜보는 것)이 바로 자기참조과정이다.

이것이 중요한 이유는 자기참조과정이야말로 전전두피질의 고유하고도 독특한 기능이기 때문이다.[56] 다시 말해 우리는 이러한 자기참조과정을 반복적으로 훈련함으로써 전전두피질을 활성화하고, 나아가 신경가소성에 의해 전전두피질의 기능을 더욱 강화할 수 있다. 그렇다면 자기참조과정은 어떻게 훈련할 수 있을까?

대표적인 방법이 지금 내 몸의 상태를 알아차리는 것이다. 여기서 '알아차림(awareness)'이란 의도적으로 개입하거나 변화시키는 것이 아니라, 그냥 나의 주의를 거기에 둬서 그 상태를 알아차리는 것을 말한다. 즉 내 몸 구석구석에 주의를 보냄으로써 '지금 내 몸은 나에게 어떤 느낌을 주고 있는가? 내 몸은 다 편안한가? 어디 불편한 점은 없는가? 내 장기는 편안한가?' 등 몸이 나에게 주는 감각이나 신호를 있는 그대로 자각하는 것이다. 이것이 보디스캔(body scan)에 기반한 내부감각과 고유감각 훈련이다.

또 다른 방법은 지금 여기서 경험하는 매 순간마다 경험에 대한 내 생각과 느낌과 감정을 알아차리는 것이다. 매 순간 실시간으로 '내 기분이 어떤가? 내 감정은 어떤가? 나는 어떤 생각을 하고 있나?' 등 나의 감정이나 생각의 흐름에 집중해보는 것도 좋은 자기참조과정 훈련이 된다. 이러한 자기참조과정을 지속적으로 훈련하면 전전두피질이 활성화되고 강화된다.

앞서 말했듯이, 자기조절력의 가장 중요한 기능은 노력하는 능력이다. 과제지속력, 집중력, 끈기 등이 이런 노력하는 능력에 속한다. 그런데 학생의 입장에서 노력을 한다는 것, 즉 공부를 열심히 한다는 것은 반드시 '자기참조과정'을 수반한다. 예를 들어 수학 참고서의 문제들을 하나씩 풀어간다고 할 때, 지금 내가 무엇을 하고 있고 내 상태는 어떠한지 매 순간 알아차리지 못한다면 끝까지 문제를 풀 수 없다. 즉 '나는 가벼운 마음으로 첫 번째 문제를 풀었고,

두 번째 문제는 조금 어려워서 당황스러웠고, 세 번째 문제는 조금 싫증이 났고, 네 번째 문제를 풀 때는 약간 피곤했고…' 하는 식으로 문제를 푸는 매 순간 나의 감정과 몸 상태를 알아차려야만 자기조절을 통해 문제를 끝까지 풀 수 있다.

만일 학생에게 자기조절력이 부족하다면 공부를 하다가도 튕겨나가게 된다. 다시 말해, 공부를 시작했는데 자신도 모르는 사이에 딴짓을 하고 있다면 자신에 대한 알아차림, 즉 스스로에 대한 인지 능력이 떨어진다는 뜻이다. 따라서 아이가 공부를 잘하길 바란다면 어릴 때부터 자신의 행동, 자기 몸의 느낌, 자신의 감정과 생각을 스스로 끊임없이 알아차리는 능력을 키워나갈 수 있도록 도와줄 필요가 있다.

특히 내가 나 자신을 돌이켜볼 때 부정적인 감정이 들지 않게 하는 것이 중요하다. 우울증이나 불안장애 등을 앓는 사람들의 특징 중 하나는 부정적인 사건에 대한 기억이나 나쁜 경험을 끊임없이 강박적으로 되새김질한다는 것이다. 그 결과 내가 나 자신을 생각할 때 '나는 바보야', '나는 못났어', '내가 또 이렇게 놀고만 있구나' 등등 스스로를 부정적으로 인식하는 경향을 보인다. 이렇게 스스로에 대해 부정적인 생각을 많이 할수록 마음근력은 약해진다. 그러므로 부모는 아이가 어려서부터 자기 자신을 긍정적으로 인식할 수 있도록 도와주어야 한다. 이제 나 자신에 대한 알아차림, 즉 자기참조과정을 위한 구체적인 훈련법을 알아보자.

자기참조과정을 위한 훈련법

자기참조과정을 키우는 가장 기본적인 방법은 내 몸에서 일어나는 일련의 사건들에 대해서 끊임없이 알아차리는 훈련을 해보는 것이다.

첫 번째가 호흡 알아차리기 훈련이다. 몸 안에서 일어나는 여러 작용 중에 특히 호흡에 집중해야 하는 이유는 자율신경계 중 우리가 의도적으로 개입할 수 있는 기능은 호흡밖에 없기 때문이다. 똑같이 자율신경의 지배를 받는 심장박동이나 내장운동 등은 우리 몸에 어떠한 신호를 주기는 하지만 내가 거기에 개입할 수는 없다. 즉 내가 마음먹는다고 심장박동을 늦추거나, 내장운동을 잠시 멈추게 할 수는 없다는 뜻이다. 우리는 수동적으로 심장이나 내장의 움직임을 느낄 수 있을 뿐이다. 물론 느끼는 것 자체도 훌륭한 자기참조과정이 된다. 내 심장이 이렇게 뛰고 있구나, 내 위장이 이렇게 움직이고 있구나 하고 알아차리는 것만으로도 전전두피질을 자극할 수 있다는 뜻이다.

그런데 이보다 더 집중이 잘되고 더 훌륭한 알아차림 훈련은 내 호흡에 집중하는 것이다.[57] 호흡도 자율신경계에 기반한 움직임이지만 의도적인 개입이 가능하다. 다시 말해서 의도를 갖고 숨을 더 깊이 쉴 수도 있고, 숨을 멈출 수도 있고, 숨을 빨리 쉴 수도 있다. 호흡이야말로 아주 중요한 자기참조, 자기 알아차림의 훈련이 되는 이유가 이것이다.

심장박동이나 내장운동과 달리 호흡은 개입할 수 있기 때문에 인위적으로 억제할 수 있다. 만일 부모가 아이에게 "네 호흡을 알아차려봐. 지금 숨을 들이마시고 있니, 내쉬고 있니?" 하며, 호흡을 알아차리도록 유도하면 아이는 자기도 모르게 자꾸 그 호흡에 개입하려고 할 것이다. 이때 개입하려고 하는 자신의 의도를 아이 스스로 알아차리고, 그 의도를 내려놓고 내게서 일어나는 일련의 호흡을 그저 알아차리는 것. 이것이 호흡 훈련의 핵심이다. 재차 강조하지만 호흡 훈련에서 중요한 것은 의도적으로 숨을 조절하는 것이 아니라, 숨이 들어올 때 '들숨이구나' 하고 알아차리고, 숨이 나갈 때 '날숨이구나' 하고 알아차리는 것이다.

이러한 호흡 훈련이야말로 자기참조과정의 핵심이라고 할 수 있기 때문에 예부터 명상이나 다른 자기조절력 훈련에 있어서 가장 강력한 방법으로 자리매김해왔다. 그러므로 아이를 키우는 부모라면 매일매일 아주 잠시라도(예컨대 세 번의 호흡 혹은 시간으로 치면 10~20초 정도만이라도) 아이에게 자신의 호흡을 알아차리는 연습을 꾸준히 시켜주는 것이 좋다.

두 번째가 자기긍정, 즉 나 자신을 긍정적으로 알아차리는 습관을 갖는 것이다. 앞서 이야기했듯 스스로를 부정적으로 인식할수록 마음근력은 약해진다. 내가 나를 돌이켜볼 때 부정적 정서가 지속적으로 유발되면 편도체가 활성화되고, 이는 곧 전전두피질의 기능 저하로 이어지기 때문이다. 그러므로 어린아이일수록 나 자신을 생각할 때 긍정적인 단어로 묘사하는 훈련을 지속적으로 해야 한다. 즉 '나'를 주어로 삼아 내면에서 긍정적인 문장을 만들어내도록 하는 것이다. 특히 '나는 무엇을 잘하는가, 나의 훌륭한 점은 무엇인가' 등 자신의 강점을 매일 기록하거나 말로 표현하게 하는 것은 스스로를 긍정적으로 알아차리는 데 큰 도움이 된다.

자기참조과정에 효과적인 세 번째 방법은 움직이는 것이다. 구체적으로 설명하면, 일상에서 걷거나 뛸 때 혹은 특정 운동을 할 때, 내가 내 몸을 어떻게 움직이고 있는가를 주의 깊게 관찰해 알아차리는 것이다. 몸의 움직임을 알아차리는 데 특화된 전통적인 마음근력 훈련법으로 요가를 들 수 있다. 전통 요가의 핵심은 특정한 동작을 해내는 것이 아니라, 어떤 동작을 할 때 '내가 무엇을 어떻게 느끼는구나' 하는 자기참조과정을 끊임없이 하는 데 있다.

학생, 특히 어린아이에게는 그냥 한 걸음씩 걸으며 팔과 다리를 비롯해 내 몸의 각 부위가 어떻게 움직이고 그 느낌이 어떤지를 끊임없이 알아차리는 것만으로도 훌륭한 자기참조 훈련이 된다. 즉 내 발이 땅에 닿는 느낌, 한 발을 뗄 때의 느낌, 그때 내 팔은 어떻게 움직이는지, 또 나의 시선은 어디를 향해 있는지를 아이 스스로 알아차리도록 하는 것이다.

조금 낮은 강도의 유산소운동을 하는 것도 큰 도움이 된다. 30분에서 1시간 정도 살짝 땀이 날 정도로 존2(zone 2) 운동을 하면서,

내 몸의 움직임과 그 느낌을 알아차리는 것이다. 존2 운동이란 심박수를 기준으로 운동의 강도를 1~5단계로 볼 때, 천천히 걷는 정도의 1단계보다 조금 더 센 강도의 운동으로, 불안감이나 분노 등 부정적인 감정을 완화하는 데 탁월한 효과가 있다. 살짝 땀이 날 정도로 달리면서 발바닥이 지면에 닿는 느낌, 팔과 다리에 전달되는 다양한 감각, 얼굴을 스치는 바람, 팔의 움직임이 주는 느낌 등 모든 감각을 알아차릴 수 있도록 집중한다. 중요한 것은 운동 자체가 아니라 그런 움직임을 통해 일어나는 모든 감각을 알아차리는 것이다. 이러한 알아차림이 계속될 때, 아이의 뇌에 강력한 자기참조과정이 일어나 편도체가 안정화되고 전전두피질이 활성화된다. 존2 운동의 방법과 효과에 대해 더 자세한 것은 '김주환의 내면소통' 유튜브 채널을 참고하기 바란다.

감정을 조절한다는 것의 의미

자기조절력의 중요한 요소로 빼놓을 수 없는 것이 감정조절이다. 그런데 많은 사람이 감정조절을 오해하고 있다. 가장 흔한 오해는 감정조절력을 '순간적으로 솟구치는 분노 같은 부정적인 감정을 억누르는 능력'이라고 착각하는 것이다.

감정조절 분야의 권위자로 알려진 심리학자 제임스 그로스(James

Gross)의 연구에 따르면, 이미 발생한 부정적인 감정을 겉으로 드러내지 않고 감정을 억누르는 것(emotional suppression)은 여러 가지로 해로운 결과를 초래한다.[58] 예를 들어 분노라는 감정이 촉발되었을 때 이를 억지로 참으면 단기적으로는 효과가 있을지 몰라도, 장기적으로는 더 큰 분노를 유발할 가능성이 크다. 그런 의미에서 감정조절력이란 무조건 감정을 억누르는 능력이 아니라, 처음부터 부정적인 감정이 일어나지 않도록 하는 능력이라고 할 수 있다. 즉 웬만한 일에는 분노나 두려움 같은 부정적 정서를 느끼지 않고 담담하게 받아들일 수 있는 능력, 바로 그것이 감정조절력이다. 이를 위해서는 편도체를 안정화하는 습관을 들이는 것이 중요하다.

한편 감정조절력의 전제조건이 되는 것이 바로 스스로의 감정을 알아차리는 감정 인지능력이다. 어떤 상황에서 '내가 조금 화가 나기 시작했구나', '내가 좀 두렵기 시작했구나' 하는 감정 변화를 스스로 민감하게 알아차릴수록, 거기에 선제적으로 대응해 감정이 폭발하지 않도록 조절할 수 있기 때문이다. 그러므로 현재 상황을 정확히 이해하고, 다른 관점에서 이를 해석해 의미를 재구성할 수 있는 높은 수준의 감정 인지능력이 감정조절의 핵심 능력이 된다.

또 하나, 감정조절과 관련해서 우리가 이해해야 할 중요한 사실은 '두려움'이 모든 부정적 감정의 근원이라는 것이다. 즉 분노나 짜증이나 신경질이나 불안감이나 모두 '두려움'의 다양한 형태임을 이해하는 것이 중요하다. 가랑비, 보슬비, 소나기, 장맛비 등은 이름만

다를 뿐 근원적으로는 모두 '비'인 것과 마찬가지다. 모든 두려움은 집착에서 온다. '어떤 것이 이루어지지 않을까' 혹은 '어떤 일이 발생하면 어쩌나' 하는 집착이 두려움의 원천이다. 어린 학생이 흔히 느끼는 '시험을 망치면 어떻게 하나', '대학에 못 가면 어떻게 될까' 하는 집착이 곧 두려움의 근원이며, 이러한 두려움은 편도체를 활성화한다.

편도체는 우리 뇌에 있는 일종의 알람 시스템이다. 즉 위기 상황이라고 판단했을 때, 편도체가 자동적으로 활성화된다. 편도체가 활성화되면 스트레스 호르몬이 온몸에 전달되고 그에 따라 여러 가지 신체 반응이 일어난다. 턱근육, 얼굴근육, 승모근, 안구근육 등등 특정한 근육들이 수축되고, 위장이 꿈틀대며, 심장박동이 불규칙적으로 빨라지고, 호흡이 가빠지는 등 일련의 신체 반응이 자율신경계에 의해서 저절로 일어난다. 이렇게 급격한 신체 변화를 우리의 뇌가 '지금 내가 두려워하고 있다' 또는 '지금 나는 화가 난다'라고 해석하는 것이다. 다시 말해서 부정적 감정은 우리의 의식이 신체에서 일어나는 여러 가지 신호를 종합적으로 판단하고 해석해서, 최종적으로 내리는 결론이다.

두려움과 구별되는 분노라는 감정은 별도로 존재하지 않는다. 그 둘은 하나의 뿌리를 지닌 동일한 부정적 감정이다. 두려움이나 분노가 어떤 고정된 실체로서 뇌에 전달되는 것이 아니다. 우리 뇌에 전달되는 것은 우리 몸의 변화에 따른 일련의 신호들이고, 우리의 뇌가 그 신호들을 '두려움'으로 해석해내는 것이다.[59] 이러한 두려움이 바로 해결되지 않을 때 우리 신체는 본능적으로 공격성을 드러낸다. 그러한 공격적 행동에 돌입했을 때의 몸의 변화를 우리의 뇌는 '분노'로 받아들인다. 이것이 바로 두려움과 분노가 본질적으로 같은 이유다. 둘 다 편도체의 활성화에서 오고, 둘 다 몸이 주는 신호에서 온다. 아무것도 두려워하지 않는 사람은 분노하지 않는다. 분노하는 사람은 두려워하는 사람이고, 두려워하는 사람은 무언가에 집착하고 있는 것이다.

그러므로 아이가 자꾸 짜증을 내거나 화를 내거나 불안해한다면, 무언가 해결되지 않은 두려움이 있다는 뜻이다. 아이가 그런 짜증과 분노, 불안감에서 벗어나려면 마음속에 있는 두려움을 해결해야 한다. 두려움을 해결해야만 불안감이 사라지고 분노도 사라진다. 그래야 편도체를 안정화할 수 있다. 그러기 위해서는 자율신경계에 의해 저절로 반응하는 우리 신체 각 부위를 안정화해야 한다.

편도체를 안정시키는 방법

우리가 의도를 갖고 안정화할 수 있는 신체 부위는 제한적이다. 일례로 편도체가 활성화되었을 때 불규칙적으로 빨라지는 심장박동은 우리 의지대로 늦출 수 없다. 물론 심장약으로 심장을 천천히, 살살 뛰게 할 수는 있다. 그래서 시험불안증 등 불안장애 증상을 보이는 경우 정신과 의사는 흔히 심장약을 처방한다. 베타차단제나 칼슘채널차단제 등을 통해 인위적으로 심장을 천천히 뛰게 함으로써, 불안감을 잠재우는 것이다.

그렇다면 약물 같은 인위적인 처치 없이 우리 스스로 두려움으로 대표되는 부정적인 감정을 누그러뜨릴 수 있는 방법은 없을까. 즉 두려움을 유발하는 편도체를 어떻게 안정화할 수 있을까. 가장 효과적인 방법은 뇌신경계와 관련된 여러 신체 부위에 집중하여 이완하는 것이다.

대표적인 부위가 턱근육이다. 턱근육은 주로 음식물을 씹을 때 쓰는 근육이다. 그런데 우리가 주먹을 꽉 쥐고 이를 악물면 턱근육이 바짝 수축하면서 편도체가 활성화된다. 반대로 턱근육을 편안하게 한다는 마음으로 아래 턱이 툭 떨어질 만큼 힘을 빼면(의도적으로 턱근육을 이완하면) 편도체가 어느 정도 안정화된다.

의도적으로 이완할 수 있는 또 다른 근육이 얼굴표정근이다. 얼굴을 잔뜩 찌푸리면서 인상을 쓰면 편도체가 활성화된다. 반면에 얼굴근육을 부드럽게 하면서 편안한 표정을 지으면 편도체가 안정화된다.

그밖에 안구근육도 있다. 심리치료의 일종으로 알려진 EMDR은 한마디로 눈의 규칙적인 움직임을 통해 안구근육을 이완하는 것으로, 이 역시 편도체를 안정화하는 효과가 있다.

그다음에 심장박동이나 내장의 움직임 등 자율신경계를 보다 차분하게 하는 방법이 있다. 가장 대표적인 것이 호흡 알아차리기 훈련이다. 호흡에 집중하면서 숨을 들이마시고 내쉬는 행위를 알아차리는 과정에서 호흡과 심박수가 안정화되고 이에 따라 편도체가 안정화된다.

감정과 관련해서는 많은 오해가 있다. 흔히 우리는 나쁜 기억을 떠올리고 부정적인 생각을 했더니 갑자기 화가 나거나 불안해졌다고 생각한다. 즉 생각이나 기억이 감정을 유발한다고 착각하는 것이다. 감정은 기억이나 생각에서 유발되는 것이 아니라 우리 몸의 반응에서 오는 것이다. 나쁜 기억을 떠올렸을 때 우리 몸의 상태가 변하고, 그 변화를 뇌가 감정으로 해석해내는 것이다. 즉 어떤 두려운 생각을 해서 바로 감정이 생기는 게 아니라, 두려운 생각을 했더니 심장이 두근거리고 뇌신경계와 관련된 여러 근육이 수축되는 등 신체가 반응을 일으키고, 그러한 신체 변화 때문에 감정이 유발되는 것이다.

따라서 우리가 감정조절을 하고 편도체를 안정화하려면, 이 신체 반응에 직접 개입하는 수밖에 없다. 감정조절은 결코 생각만으로 되지 않는다. '걱정하지 말자', '짜증 내지 말자' 하는 생각을 의도적으로 한다고 한들 감정은 조절되지 않는다. 감정을 조절할 수 있는 유일한 방법은 몸을 변화시키고 몸의 반응을 다스리는 것이다.

생각을 바꾸려고 하지 말고 내 몸에서 올라오는 신호를 알아차리고 그러한 신호를 일으키는 몸을 다스려야 한다. 특히 앞에서 얘기한 뇌신경계와 관련된 안구근육, 턱근육, 얼굴근육, 승모근 같은 뇌신경계와 관련된 신체 부위에 주의를 보내 그곳들을 이완하고 차분하게 하는 것이 감정을 조절할 수 있는 효과적인 방법이다. 그냥 가만히 있어서는 그 신체 부위들을 이완시키기가 어려우므로 조금씩 움직이는 것도 큰 도움이 된다. 앞서 얘기한 존2 운동이나 스트레칭을 비롯해 몸을 직접 움직이는 것이 부정적 감정을 가라앉히고 편도체를 안정화하는 가장 확실한 방법이다. 아이에게 그릿을 키워주고 싶다면 몸을 자꾸 움직이는 습관을 들이게 해야 한다. 규칙적인 운동과 그 운동을 통해 몸의 움직임을 알아차리도록 훈련시키는 것이 그릿을 길러주는 가장 확실하고도 빠른 방법이다.

부모가 먼저 자기조절력을 키워야 하는 이유

자기조절력 강화를 위한 편도체 안정화 훈련과 관련해서 꼭 염두에 두어야 할 것이 있다. 뇌 부위 중에서도 편도체는 특히 전염성이 강하다는 것이다. 인간이 집단을 이뤄 살기 시작했을 때부터, 편도체가 활성화된다는 건 그 사람이 어떤 위기 상황에 처했다는 것이고, 이는 결국 그 위기가 함께 있는 모든 사람에게 동일하게 적용된다는 뜻이다. 예컨대 원시시대에 어떤 사람이 이웃 부족이 쳐

들어오는 걸 보고 위기 상황임을 인식한다면, 결국 그 위기 상황은 그 사람뿐 아니라 주변 사람 모두에게 위협이 된다. 그래서 우리의 뇌는 생존을 위해 한 사람의 편도체가 활성화되면 주변 사람 모두의 편도체가 활성화되는 '편도체의 전이현상'을 만들어냈다. 그 결과 부정적 정서는 매우 빠르고도 확실하게 전염된다.[60]

사무실에서 함께 일하는 누군가가 짜증을 내거나 화를 낼 때, 혹은 같은 교실에서 공부하는 친구가 불안장애에 시달릴 때, 그런 부정적 감정은 주변 사람 모두에게 전염된다. 직접적으로 공격을 받거나 특별한 사건이 없더라도, 그저 표정이나 분위기만으로도 그런 부정적 정서는 모두에게 확산된다.

아이를 키우는 부모가 특히 주의해야 할 것이 바로 이 점이다. 평소 부모가 부정적인 감정에 사로잡혀 있으면, 자신뿐 아니라 아이의 편도체까지 활성화한다는 점을 잊지 말아야 한다. 부모가 아이를 말로 다그치거나 억압하지 않더라도, 표정과 말투, 제스처 등만으로도 아이의 편도체는 활성화될 수 있다. "나는 아이에게 공부하라고 강요하지도 않고, 논다고 야단치지도 않아요"라고 항변하는 부모가 많지만, 아무 말을 하지 않아도 아이의 편도체를 활성화할 수 있다는 사실을 간과해선 안 된다. 참고 야단치지 않는다고 능사가 아니라는 뜻이다.

그러므로 아이의 편도체를 안정화하기 위해 부모가 가장 먼저 해야 할 일은 부모 스스로 자기 감정을 조절해서 진심으로 부드럽게, 차분하고 즐거운 표정으로 아이와 상호작용하는 습관을 들이는 것이다. 부모가 느끼는 불안이나 두려움은 말로 표현하지 않아도 그대로 아이에게 전이된다는 것을 잊어선 안 된다. 아이의 편도체를 안정화하려면 우선 부모의 편도체부터 안정화되어야 한다. 전전두피질이 활성화될 정도로 긍정적이고 행복한 부모만이 아이들의 전전두피질을 강화할 수 있다. 행복한 부모만이 아이를 행복하게 만들 수 있다. 아이를 키우는 부모에게는 행복이 권리이기 이전에 의무다. 의무감을 갖고 먼저 행복한 사람이 되자. 그렇게 되기 위한 구체적인 방법은《내면소통》책에 잘 정리되어 있다.

Growing through
Relatedness,
Intrinsic motivation &
Tenacity

4장

대인관계력

건강한 인간관계를 구축하는 힘

스트레스를 완화하는 가장 강력한 힘, 대인관계력

안타깝게도 오늘날 우리 아이들의 전전두피질 기능은 눈에 띄게 약해져가고 있다. 2000년대 이후 급속히 늘어가는 학교폭력, 청소년 우울증, 자살률 등이 바로 그러한 증거다. 전전두피질을 위협하는 최대 적은 '스트레스'다. 두려움, 분노, 좌절감 등의 부정적 정서는 전전두피질의 기능을 일시적으로 약화하지만, 장기적인 스트레스는 전전두피질을 구조적으로 약화한다.

어릴 때 학대를 받았거나 가정폭력 등 극심한 스트레스에 장기간 노출된 아이는 자라면서 반사회적 인격장애를 보일 가능성이 훨씬 더 높다. 스트레스로 인해 전전두피질이 덜 발달하기 때문이다. 극심한 빈곤에 시달렸던 아이도 전전두피질이 상대적으로 덜 발달하여 인지능력과 학습능력이 떨어진다는 연구도 있다. 심지어 다섯 살 된 아이들의 전전두피질 발달 정도나 활동성이 가정환경이나 사회경제적 환경에 따라 차이가 난다는 연구결과도 있다. 사회경제적 격차가 뇌기능 발달의 차이로 이어질 수도 있다는 얘기인데, 실로 안타까운 일이 아닐 수 없다. 그러나 경제적 빈곤 자체가 전전두피질의 발달 저하를 가져오는 것은 아니다. 학자들은 빈곤이 야기하는 여러 가지 스트레스와 부정적 정서의 유발이 직접적인 원인이라고 본다. 역시 '스트레스'야말로 전전두피질을 위협하는 가장 큰 적이다.

경제적으로 어려운 계층의 아이들은 학업능력이 낮은 것으로 알려져 있다. 어째서일까? 참고서를 사거나 학원에 다닐 돈이 없어서 그런 것일까? 게리 에번스와 미셸 쉠버그는 그런 이유가 아니라고 단언한다.[61] 그들은 빈민계층 아이들의 학습능력을 측정하면서 이들의 스트레스 레벨을 함께 측정했다. 그 결과 스트레스 레벨이 높지 않은 아이들은 중산층 이상의 아이들과 다름없는 학습능력을 지니고 있음을 발견했다.

미국의 빈민계층은 폭력과 약물중독 등에 노출되기 쉽다. 이러한 환경에서 자라난 아이들은 대체로 스트레스 레벨이 높으며, 바로 그 때문에 학습능력도 저하되었던 것이다. 즉 가난 자체는 학습능력과 아무런 관련성도 없었다. 단지 높은 수준의 스트레스가 문제였다는 것이다. 이 연구결과는 스트레스가 아이의 학습능력에 결정적인 장애가 된다는 점을 분명히 알려주고 있다. 아울러 아이의 학습능력을 키워주기 위해서는 집안 분위기가 늘 밝고 명랑해야 한다. 가정불화 등 분노와 두려움으로 가득 찬 집안에서 자란 아이는 공부를 잘하기가 힘들다.

우리나라 청소년 대부분은 어려서부터 '공부'라는 압박에 찌들어 산다. 철 들기 전부터 강요되는 선행학습을 통해 '공부=스트레스'라는 등식이 자연스레 머릿속에 깊숙이 각인된다. 고등학교에 올라가면 3년 내내 입시 스트레스에 시달린다. 예전에는 고3 때 1년간의 고생을 '고3병'이라고 했지만, 요즘 대한민국 고등학생들은 3년 내내 고3병을 앓는다. 내신의 비중이 높아지면서, 3년 동안 치르는 중간고사와 기말고사가 곧 대학입시가 되어버렸다. 고등학교 교실은 학년과 상관없이 여기저기 아픈 환자로 넘쳐난다.

스트레스는 왜 사람을 아프게 하는 것일까? 면역력을 떨어뜨리고 신체 여러 기관의 기능을 약화하기 때문이다. 긴장, 두려움, 짜증, 분노, 좌절감 등의 부정적 정서는 편도체라는 뇌 부위를 활성화한다. 편도체는 변연계의 핵심 부분으로, 편도체의 활성화는 스트레스 호르몬을 분비시킨다.

돌도끼로 사냥을 하던 구석기 시대 사람 고인돌 씨를 상상해보자. 그는 현대인이 겪는 정도의 스트레스는 아니었겠지만, 분명 때때로 심한 스트레스를 경험했을 것이다. 어느 화창한 봄날, 갑자기 토끼고기가 먹고 싶었던 고인돌 씨는 돌도끼 하나 어깨에 둘러메고 사냥을 나섰다. 얼마쯤 숲길을 지났을까. 그는 갑자기 집채만 한

멧돼지와 마주쳤다. 깜짝 놀란 고인돌 씨는 두려움과 긴장에 휩싸이게 된다. 그의 시각정보가 비상 신호를 보내자, 그의 편도체는 급격히 피가 몰리면서 활성화된다. 편도체로부터 신호를 받은 시상하부는 스트레스 호르몬인 글루코코르티코이드가 마구 분비되어 혈액 속으로 공급되도록 명령을 내린다. 체내에 스트레스 호르몬의 수치가 높아지면 팔, 다리 같은 근육에 새로운 피가 몰리면서 에너지가 공급된다. 스트레스 호르몬은 이처럼 우리 몸을 외부의 적 멧돼지로부터 '도망가든지 아니면 싸우든지'의 상태로 만든다. 도망가거나 싸우려면 근육에 에너지가 집중되어야 한다. 이것이 스트레스의 본래 의미다.

에너지가 근육으로 몰리자 목덜미와 어깨는 힘이 잔뜩 들어가서 뻣뻣해진다. 대신 위장 등 소화기관에 공급되던 혈액의 양은 급격히 줄어든다. 지금 멧돼지와 생사를 건 한판 승부를 벌일 참인데, 한가하게 아침에 먹은 음식을 소화시킬 여유가 어디 있겠는가. 우선은 외부의 적 멧돼지와의 싸움에 모든 에너지를 집중해야 하므로, 당장 시급하지 않은 위장기관의 소화기능은 일단 정지된다. 마찬가지로 생식기능도 일시정지 상태에 들어간다. 난자와 정자를 생성해서 자손을 퍼뜨리는 일은 일단 살고 본 다음에 해도 늦지 않으니까. 우리 몸에 침범하는 세균이나 바이러스와 싸우는 면역 시스템도 일시정지 상태가 된다. 세균보다 훨씬 더 크고 위험한 적이 지금 당장 눈앞에 있으니까.

고인돌 씨의 이러한 스트레스 상태는 아마도 그리 오래 가지 않았을 것이다. 대체로 5분 이내에 결판이 났을 것이다. 그사이에 멧돼지를 때려잡거나 아니면 도망가든지 했을 테니까. 그것도 아니라면 잡아먹히든지. 어떤 경우든 더 이상 스트레스 받을 일은 없다. 따라서 '도망가든지 싸우든지'의 스트레스 상태는 5분 혹은 길어야 10분 정도 지속되다 말았을 것이다. 이것이 스트레스의 본래 모습이다.

그러나 현대인, 특히 우리나라 청소년이 마주하는 멧돼지는 어떠한가? 도저히 5분, 10분 이내에 해결될 수가 없는 멧돼지들이다. 학기마다 계속되는 중간고사 멧돼지와 기말고사 멧돼지는 몇 달 전부터 학생들 앞에 나타나서 알짱거린다. 한 번에 때려잡을 수도, 그렇다고 도망칠 수도 없다. 게다가 대학입시와 수능 멧돼지는 몇 년 동안 수험생의 편도체를 활성화하면서 스트레스 호르몬을 분비시킨다. 온몸이 뻐근해지면서 근골격계 질환이 찾아오고, 소화는 잘되지 않아 위장장애가 생기며, 면역 시스템은 약화되어 감기, 몸살, 두통을 달고 살게 된다.

인간관계, 스트레스의 만병통치약

자연히 스트레스 상황에서는 전전두피질이 자기통제 기능을 제대로 할 수 없다. 활성화된 편도체가 오히려 전전두피질을 지배하기 때문이다. 그렇다면 스트레스에서 전전두피질을 제대로 지켜내는 방법은 무엇일까? 수많은 연구결과를 종합해보면, 그것은 결국 '건강한 인간관계'로 귀결된다. 주변 사람들과의 인간관계가 튼튼하고, 소속감과 연대감, 안정감을 느끼는 사람은 스트레스를 잘 이겨낸다.

많은 스트레스 관련 연구가 이를 입증했다. 쥐나 원숭이에게 전기충격 등 여러 가지 스트레스를 반복해서 주면, 체내의 스트레스 호르몬 수치가 상승해서 결국 몸이 아프게 된다. 면역 시스템이 약해지는 것은 물론 위장장애를 일으켜 위궤양이 생긴다. 그런데 놀랍게도 오랫동안 같은 우리에서 함께 지낸 가족이나 오랜 친구와 머무르게 하면, 전기충격 등을 받아도 스트레스 호르몬 수치가 별로 올라가지 않고 위궤양에도 걸리지 않는다.[62]

사람 역시 마찬가지다. 주변 사람들과 행복하고 원만한 인간관계를 유지하는 사람은 몸과 마음이 모두 건강하다. 스트레스 상황에서도 편도체의 활성화 정도나 체내 스트레스 호르몬이 낮게 유지된다. 중요한 것은 평소 주변 사람들과 연결되어 있다는 느낌이 강해야 한다는 것이다. 매일 공부 압박에 시달리는 학생이라면 더 그렇다. 친구들과, 선생님과, 부모와 좋은 관계를 유지하면 훨씬 더 건강하게 지낼 수 있다. 스트레스가 낮아지면 자연히 전전두피질의 기능이 강화되면서 자기조절력과 집중력이 높아진다.

흔히 공부하는 것 자체가 스트레스라고 생각하지만, 사실 사람을 아프게 하는 심한 스트레스는 인간관계로부터 온다. 부모에게 심한 꾸지람을 듣거나 한바탕 싸우고 난 수험생은 면역 시스템이 급격히 저하되어 앓게 될 가능성이 높아진다. 스트레스에는 두 가지 종류가 있다. 일 자체에서 오는 업무 스트레스와 인간관계 갈등에서 오는 관계 스트레스다. 조직 커뮤니케이션의 관점에서 보자면 업무 스트레스는 오히려 조직의 건강함을 나타내는 지표다. 특정 업무를 추진할 때 반대의 목소리나 다양한 의견의 대립이 전혀 없다면, 그 조직은 건강하지 못하다는 증거다.

공부도 마찬가지다. 학생이 공부하는 과정에서 어떠한 어려움도 느끼지 못하고 갈등도 없고 긴장감도 없다면, 자신의 한계까지 밀어붙이며 열심히 공부하고 있다고 보기 어렵다. 이러한 업무 스트레스는 좋은 스트레스다. 집중력을 높여주며 사람을 더 강하게 만든다. 학업 난이도에 따른 스트레스와 학습능력의 관계는 뒤집어진 'U자형 곡선'을 그린다고 한다. 스트레스가 전혀 없을 때보다는 약한 정도의 스트레스 혹은 강하지만 일시적으로 지나가는 스트레스는 뇌의 학습능력을 향상시킨다. 그러나 스트레스가 어느 수준을 넘어서면 학습능력은 다시 저하된다. 일정 수준을 넘어서면 스트레스의 크기가 강해질수록, 그리고 장기간에 걸쳐 지속될수록, 뇌의 학습능력을 점차 무력화한다.

그러나 인간관계 스트레스는 그 크기에 상관없이 언제나 해롭다. 인간관계에서의 갈등은 사람을 약하게 만들고 아프게 한다. 암이나 심혈관 질환 등 현대인의 생명을 위협하는 치명적인 질병들의 가장 큰 원인 역시 인간관계로 인한 스트레스다. 인간의 수명을 예측할 수 있는 단 하나의 강력한 지표는 바로 친한 친구들의 숫자다. 대인관계가 원만하지 못한 사람은 스트레스 수준이 높아 여러 가지 신체적·정신적 건강의 문제를 일으킬 수 있다는 연구결과는 이미 많이 나와 있다.[63] 실제로 대인관계가 원만하지 못해 외로움을 타는 사람들은 스트레스 수치가 50%, 고혈압 발병률이 37%, 심장마비를 일으킬 확률이 41%나 더 높은 것으로 나타났다. 반면 친구가 많고 가정이 화목해 대인관계가 원만한 사람들은 신진대사율이 37%, 염증 억제력은 13% 더 높았다. 전전두피질의 기능을 나타내는 사고능력 역시 30% 이상 더 높은 것으로 나타났다.[64] 이처럼 외로움은 사람을 약하고 아프게 하는 데 반해, 원만한 인간관계는 사람을 건강하고 행복하게 만든다. 역경을 극복하고 다시 튀어오르는 힘인 '회복탄력성'의 핵심 요소가 바로 건강한 인간관계를 맺는 능력인 까닭이다.

사회심리학자인 나오미 아이젠버거는 인간관계의 단절이 실제로 사람을 아프고 고통스럽게 한다는 것을 뇌 영상 연구를 통해 밝혀냈다. 그의 연구에 따르면 몸의 고통을 느끼는 뇌 부위와 마음의 고통(특히 인간관계의 실패에서 오는 마음의 상처)을 느끼는 뇌 부위가 상당 부분이 겹친다. 고통을 느끼는 뇌 부위(dACC, anterior insula 등)가 손상된 환자는 누가 때리면 맞는다는 '감각적인' 느낌은 있지만, 그에 따른 고통이나 괴로움은 느끼지 못한다. 정상인은 다른 사람들이 자신을 싫어한다는 느낌을 받거나 타인에게 거절당하거나 하면 신체적 고통을 느끼는 바로 그 부위들이 활성화되어 몸이 아플 때와 같은 종류의 고통을 느낀다. '인간관계'란 몸만큼이나 중요한 것이어서, 인간관계가 손상되면 신체가 손상될 때와 같은 정도의 고통을 느끼게끔 인간의 뇌가 진화된 것이라는 견해도 있다.

아이젠버거는 사람이 느끼는 신체적 고통이 다정한 인간관계를 통해 완화될 수 있음을 밝혀냈다. 신체적 고통이 가해지는 순간 사랑하는 연인의 손을 잡고 있으면, 고통을 덜 느끼게 된다. 그저 느낌이 아니라, 신체적 고통을 느끼는 특정 뇌 부위가 실제로 훨씬 덜 활성화되는 것이 뇌 영상을 통해 밝혀졌다. 그러나 모르는 사람의 손이나 물렁물렁한 공을 잡고 있을 때는, 이러한 효과가 나타나지 않았다. 이처럼 친밀한 인간관계는 우리의 마음뿐 아니라 몸도 보호해준다.[65] 이러한 연구결과는 왜 '엄마 손은 약손'인가에 대한 과학적인 설명이기도 하다.

한편 몸이 아프면 외로움을 더 느끼게 된다는 연구결과도 있다. 피험자에게 약간의 염증 유발로 몸살 기운을 느끼게 했더니, 놀랍게도 훨씬 더 외로움을 타는 것으로 나타났다. '몸이 아프면 마음도 아프다. 아플 땐 더 외롭다'는 것은 막연한 느낌이 아니라, 실제 우리 뇌의 작동방식인 것이다.[66] 반대로 피험자들에게 타이레놀을

3주간 계속 복용하게 했더니, 신체의 고통이 완화되었을 뿐 아니라 대인관계의 갈등으로 인한 외로움이 완화되었다는 연구도 있다.[67] 이처럼 우리의 몸과 마음은 하나다. 마음이 외로우면 몸이 아프고, 몸이 아프면 마음이 외로워진다.

고3병에 안 걸리는 방법

고3병을 극복하려면 스트레스를 완화해야 하고, 그러기 위해서는 따뜻한 인간관계를 느낄 수 있어야 한다. 부모, 가족, 친구, 선생님과의 관계에서 따뜻함을 느끼도록 노력하는 것이 중요하다. 인생의 모든 괴로움과 번민과 스트레스는 결국 인간관계로 귀결된다. 청소년이 겪는 압박감과 스트레스 역시 마찬가지로 인간관계와 관련이 깊다.

만약 원하는 대학에 못 간다면? 대학입시에 실패한다면? 상상만 해도 엄청난 괴로움이 밀려오지 않는가? 그런데 이러한 실패에 따른 괴로움은 항상 다른 사람들과의 관계를 전제로 한다. 우리가 인생을 살아가면서 정말 두렵고 괴로운 것은 실패 그 자체가 아니다. 그보다는 실패에 대한 타인의 부정적 평가를 더 두려워하는 것이다. 대학입시도 그렇고 실직이나 부도도 마찬가지다. 실패하면 불행해질 것 같은 두려움의 이면에는 늘 주변 사람들의 시선이 존재한다. "재 대학 떨어졌대" 하면서 누군가 나를 흉보고, 무시하고, 우습게 볼까봐 두려운 것이다.

생각해보라. 만약 내가 대학에 떨어져도 어느 누구도 그 사실을 알 수 없다면? 부모님과 가족, 선생님, 친구, 친척들은 물론이고 이 지구상의 어느 누구도 영원히 알 수 없다면? 아마 별로 괴롭지 않을 것이다. 부모를 포함해 주위 사람들과의 관계가 평소 원만하지 않다면, 대체로 타인의 부정적 시선에 지나치게 민감해진다. 사람들이 왠지 나를 업신여기고 흉볼 것 같은 착각에 사로잡히기 쉽고, 약간만 부정적인 반응을 보여도 지나치게 예민하게 반응한다. 그 결과 엄청난 스트레스를 받게 된다. 이것이 바로 수험생 스트레스의 가장 큰 원인이다.

스트레스를 대폭 줄이려면 결국 인간관계에 대한 생각을 획기적으로 바꿔야 한다. 먼저 주변 사람들의 부정적 시선에 지나치게 민감하게 반응하는 '마음의 습관'을 버려라. 그러려면 사람들과 잘 연결되어 있다는 관계성 혹은 연결성에서 긍정적인 느낌을 강하게 받아야 한다. 이는 마음먹는다고 바로 되는 일이 아니므로, 의식하지 않아도 저절로 그렇게 되도록 새로운 마음의 습관을 들일 필요가 있다. 이른바 긍정적 정서를 유발하는 습관인데, 긍정적 정서는 인간관계에서의 갈등이나 거절이 낳는 부정적인 영향을 감소시키는 효과가 있다.

이러한 긍정적 정서 유발 훈련의 핵심에는 자기긍정과 타인긍정이 있다. 자타긍정의 여섯 가지 방법인 용서, 연민, 사랑, 수용, 감사, 존중의 마음을 늘 유지함으로써 인간관계에서의 긍정적 정서 레벨을 높이는 것이다. 그래야 비록 실패하더라도 내가 맺고 있는 인간관계에 별 영향을 미치지 않을 거라는 확신이 들면서 실패를 두려워하지 않게 된다. 좋은 인간관계는 면역력을 강화하고 스트레스를 완화하며 사람을 건강하고 행복하게 만든다. 심지어 독감에도 잘 안 걸린다는 연구결과가 있을 정도다.

그뿐 아니라 인간관계가 원만한 사람은 전전두피질의 강력한 마음근력을 발휘할 수 있다. 전전두피질의 기능을 강화하려면 어릴 때부터 원만한 인간관계를 맺고 유지하는 것을 훈련시킬 필요가 있다. 내가 어렸을 적만 해도 친구들끼리 동네 골목에 모여 뛰어노는 게 일상이었다. 그런데 지금은 어떤가. 아파트 단지 놀이터만 봐도 같이 어울려 노는 '동네 친구들'을 찾아보기가 어렵다. 체육강사에게 공놀이 과외를 받는 아이들이 있을지는 모르겠지만, 또래집단끼리 어울려 자유롭게 노는 것은 두뇌 발달에 결정적인 도움이 된다. 그런데 요즘 아이들은 또래집단과 관계를 맺을 기회조차 없다. 모두 학원에 앉아 공부만 하고 있기 때문이다. 하루 종일 혼자 공부하거나 게임만 하는 아이는 전전두피질이 건강하게 발달하기 어렵다. 오늘날 아이들의 자기조절력과 스트레스 저항력이 점점 약해지고 우울증, 불안장애, 학교폭력이 증가하는 가장 큰 이유다.

실제 전전두피질의 기능과 인간관계를 맺는 능력 사이에는 직접적인 연관성이 있다. 인간의 두뇌에서 전전두피질이 차지하는 비율은 다른 어떤 동물보다 높은데, 심리학자 로빈 던바에 따르면 다양한 관계를 맺고 유지하기 위해서라고 한다. 영장류의 전전두피질 크기는 그 종이 구성하는 집단의 개체 수와 비례한다. 대뇌피질, 특히 전전두피질이 발달한 종일수록 더 큰 집단을 이룬다.[68]

던바는 여러 영장류들이 각각 이루는 집단의 개체 수와 그 종의 대뇌피질 크기와의 연관성을 통해, 인간의 대뇌피질 크기에 따른 인간 집단의 크기를 추정해냈다. 그의 계산에 따르면 인간이 안정적으로 유지할 수 있는 집단의 적정 크기는 150명 정도다. 던바는 실제로 한 개인이 맺는 인간관계의 네트워크 사이즈를 크리스마스 때 카드를 주고받는 사람들의 숫자를 통해 조사해보았다. 조사 결과 1인당 네트워크 사이즈는 평균 124.9명, 최대 153.5명으로 나타났다.[69] 이 결과만 봐도 인간 역시 대뇌피질의 크기에 따라 유지 가능한 인간관계의 규모가 결정됨을 알 수 있다. 이는 인간관계의 형성과 유지가 대뇌피질, 특히 전전두피질의 기능과 대단히 밀접하게 연관되어 있음을 시사한다.

공부 잘하는 아이들은 대체로 긍정적이며 원만한 인간관계를 유지하는 경향이 있다는 연구결과는 이미 여러 차례 발표된 바 있다. 특히 사춘기 청소년에게 관계를 잘 맺고 유지하는 능력은 더없이 중요하다. 인간관계에 대단히 민감한 시기이기에 친구와의 사소한 갈등만으로도 어른이 상상할 수 없을 만큼 큰 스트레스를 받기 때문이다. 약간의 험담, 약간의 섭섭함, 작은 갈등 등은 몹시 견디기 힘든 요소가 된다. 오죽하면 왕따당하는 것을 견디지 못하고 스스로 목숨을 끊는 극단적인 선택을 하겠는가.

사실 왕따를 시키거나 학교폭력에 가담하는 아이들도 스트레스의 희생자인 경우가 많다. 아프리카 개코원숭이에 관한 연구를 보면 서열 1번의 알파 수컷이 괜히 2번을 때리거나 먹을 것을 빼앗는 모습을 볼 수 있다. 1번에게 피해를 입은 서열 2번 원숭이는 순간적으로 스트레스 수준이 치솟아 서열 3번에게 폭력을 행사한다. 자기가 받은 스트레스를 다른 놈에게 풀기 위해 폭력을 휘두르게 되면 2번의 스트레스 수준은 순식간에 다시 내려간다. 이렇게 맨 아래 서열 150번까지 폭력을 통한 스트레스의 전이는 쭉 이어진다.

마음 아픈 사실이지만 다른 개체에게 폭력을 가하는 스트레스 전이(displacement)야말로 자신의 스트레스를 완화하는 효율적인 방법이다. 급우를 괴롭히는 학교폭력은 대부분 이러한 스트레스 전이 현상의 결과다. 즉 스트레스를 받은 아이들이 그걸 풀 방법을 찾지 못하고 자기가 살아남기 위해 같은 반 친구를 괴롭히는 것이다. 학교폭력을 근본적으로 없애려면 모든 아이의 스트레스 레벨부터 낮춰야 한다. 소통능력을 강화하고 인간관계를 맺는 능력을 키워주는 것이야말로, 청소년의 스트레스를 낮추고 자기조절력을 키워주는 가장 효율적인 방법이다.

우선 편도체를 안정시켜야 학교폭력이 줄어들 수 있다. 처벌 강화로는 소용이 없다. 처벌에 따른 미래의 불이익을 계산하고 예측해서 자신의 행동을 억제하는 것은 전전두피질이 하는 일이다. 그러나 청소년의 전전두피질은 자신의 편도체를 통제할 능력을 제대로 갖추지 못한 경우가 많다. 전전두피질의 기능에 의존하는 처벌 강화보다는 편도체를 안정화하는 마음근력 훈련만이 학교폭력을 획기적으로 줄여나갈 수 있을 것이다.

아이를 대할 때
잊지 말아야 할 것들

부모는 아이가 세상에 나온 후 처음 맺는 인간관계의 대상이다. '셀프'라는 자의식이 형성되기 이전인 한두 살 무렵에 생애 처음으로 관계를 맺은 부모로부터 절대적인 사랑을 받으면 아이는 '나는 소중한 존재구나' 하는 자기가치감을 느끼게 된다. 그리고 그 자기가치감이 자기존중심의 기반이 되어, 자기 자신은 물론 타인을 배려하고 사랑하여 제대로 된 인간관계를 맺는 능력을 갖게 된다. 이러한 능력이 바로 내가 《회복탄력성》에서도 강조했던 대인관계력이다.

하와이 군도 북서쪽 끝에 카우아이라는 섬이 있다. 둘레 50킬로미터에 인구 3만여 명이 사는 이 작은 섬은 대자연의 신비를 경험할 수 있는 아름다운 섬으로 알려져 있지만, 1950년대만 해도 주민들이 지독한 가난 및 질병과 싸워야 했던 지옥 같은 곳이었다. 1954년, 미국 본토에서 소아과 의사, 정신과 의사, 사회복지사, 심리학자에 이르는 일군의 학자들이 이곳에서 사회과학 역사상 가장 유의미하게 기록될 종단연구를 시작했다. 1955년 이 섬에서 태어나는 모든 신생아 833명을 대상으로 '한 인간이 태아 때부터 겪는 여러 건강상의 문제나 사건 사고, 가정환경 및 사회적 환경이 그 아이가 성인이 되기까지 어떤 영향을 얼마만큼 미치는가'를 추적조사하는 대규모 연구 프로젝트였다. 그런데 오랜 시간과 막대한 돈을 투자해 얻은 결과는 상식에서 크게 벗어나지 않았다. 결손가정의 아이일수록 학교나 사회에 적응하기 힘들었고 부모의 성격이나 정신건강에 결함이 있을 때 아이들에게 나쁜 영향을 끼쳤다는 것, 반면 부모나 친구와의 관계가 좋은 아이일수록 자율성과 자기효능감이 좋았다는 것이었다. 이는 사실 굳이 대규모 조사를 하지 않아도 짐작 가능한 연구결과였기에 사람들의 관심은 사라져갔다.

하지만 카우아이섬 연구 자료 분석에 주도적 역할을 했던 캘리포니아대학 심리학과 에미 워너 교수는 이 연구에서 우리가 배울 것이 분명히 더 있을 것이라고 확신했다. 그는 어린 시절에 겪었던 특정 어려움이 훗날 어떤 문제를 일으킬 가능성이 있는가에 대해 구체적인 인과관계를 찾아내려고 애썼다. 이러한 목적을 갖고 그는 전체 연구 대상 중에서 가장 열악한 환경에서 자란 201명을 추려냈다. 모두 극빈층에서 태어났고, 가정불화가 극심하거나 부모가 별

거 혹은 이혼 상태였으며, 부모 중 한 명 혹은 양쪽 모두가 알코올 중독이나 정신질환을 앓고 있었다.

'고위험군'이라고 명명한 이 201명의 성장 과정에 대한 자료를 분석해본 결과, 애초 이 연구의 기본 가설과 전혀 다른 사실을 발견했다. 고위험군에 속한 아이들의 3분의 1에 해당하는 무려 72명이 마치 유복한 가정에서 태어나기라도 한 것처럼 훌륭한 청년으로 성장했던 것이다. 이들 중 단 한 명도 학습장애나 행동장애 혹은 사회 부적응을 보이지 않았다. 가족이나 친구들과 아무 문제 없이 잘 지내고 있었고, 긍정적이었으며, 장래가 촉망되는 그야말로 정상적인 젊은이들이었다.

워너 교수는 이 아이들에게 어떤 공통점이 있으리라는 걸 직감적으로 깨닫고, 이를 찾기 위해 연구에 매진했다. 그리고 극악한 환경 속에서도 꿋꿋이 제대로 성장한 아이들이 예외적으로 지닌 공통점을 하나 발견했다. 그것은 자신을 무조건적으로 이해해주고 받아주는 어른이 인생에 적어도 한 명은 있었다는 것이다.

에미 워너 교수의 연구는 생애 초기에 형성된 안정적인 애착관계가 아이의 회복탄력성에 결정적인 영향을 미친다는 것을 알려준다. 어려운 환경에서도 성공적으로 성장한 아이들에게는 자신을 절대적으로 지지해주는 어른이 최소한 한 명은 있었다. 성장기 부모와의 관계의 질이 아이의 미래를 좌우할 결정적인 요인이 될 수 있음을 보여준 것이다.[70]

그렇다면 어떻게 해야 아이와 좋은 관계를 맺을 수 있을까? 아이와의 관계를 생각할 때 부모들이 가장 먼저 떠올리는 것이 대화다. 좋은 대화가 곧 좋은 관계를 맺는 지름길이라고 생각하고, 아이에게 어떤 말을 해주어야 하는지에 초점을 맞춘다. 하지만 좋은 대화, 친밀하고 즐거운 대화는 좋은 관계에서 파생되는 결과이지 목표가 아니다. 대화 자체로 관계가 좋아지는 것이 아니라, 관계가 좋을 때 저절로 대화가 좋아지는 것이다.

같은 말이라도 어떤 마음으로 하느냐에 따라 완전히 다르게 들리는 것이 인간의 소통이다. 인간의 소통은 80~90%가 표정이나 몸짓, 목소리 톤 등 비구어적 언어(non-verbal communication)로 이루어진다. 따라서 말 자체에 초점을 두고 아이에게 어떤 이야기를 해줘야 할지, 어떤 말을 해야 아이의 마음을 열 수 있는지를 고민하는 건 사실 큰 의미가 없다. 인위적으로 어떤 말을 억지로 하는 건 오히려 아이와의 관계를 더 악화할 수도 있다.

인간관계의 기본, 특히 부모 자식 관계의 기본은 '소통능력'에 기반한 대화를 하는 것이다. 그런데 소통능력은 사랑을 주고받는 능력과 존중을 주고받는 능력으로 이루어진다. 따라서 좋은 부모가 되기 위해서는 아이과 주변 사람 모두를 진심으로 사랑과 존중으로 대할 수 있는 소통능력을 키워야 한다.

소통능력을 이루는 2개의 축, 사랑과 존중

소통능력은 한마디로 건강한 인간관계를 맺는 능력을 말한다. 여기에서 건강한 인간관계란 '사랑'과 '존중'이라는 두 축에 의해 지탱되는 관계다. 소통능력을 갖췄다는 건 곧 인간관계를 통해 사랑과 존중을 주고받을 수 있는 능력을 갖췄다는 뜻이다.

사랑은 상대방이 건강하고 행복하기를 진심으로 바라는 마음이다. 내가 이만큼 좋아해줬으니 상대방도 이만큼은 나를 좋아해줘야 한다고 생각하는 건 사랑이 아니다. 상대방의 행복한 모습을 보면서 내가 행복해지는 것, 이것이 사랑이다.

대부분의 부모 자식 관계를 보면 사랑의 축은 비교적 굳건하다. 인간관계에서 사랑이 큰 역할을 한다는 것과 특히 부모는 아이를 사랑해야 한다는 걸 잘 알고, 이를 실천하기 위해 노력한다. 아이들 역시 어버이날이 되면 "엄마 사랑해요. 아빠 사랑해요"라며 자연스럽게 사랑을 표현한다.

문제는 존중의 축이다. 존중은 어떤 대상에서 나를 넘어서는 더 크고 높고 위대한 것을 발견한다는 뜻이다. 그냥 겉으로 보이는 모습 너머 더 큰 무언가를 보는 마음가짐이 존중심이다. 그런데 우리 사회에는 인간을 존중하는 커뮤니케이션의 문화가 거의 전무하다고 해도 과언이 아니다. 부모 자식 간에는 특히 그렇다. 사랑만큼이나 중요한 것이 존중인데, 이를 잘 알고 실천하는 부모는 많지 않다. 아이를 사랑한다고 자신하는 부모는 많지만, 아이를 존중한다고 말할 수 있는 부모가 과연 얼마나 될까? 하지만 아이와 건강한 인간관계를 맺길 바란다면 무엇보다 존중력을 키우는 데 중점을 두어야 한다.

2014년에 나는 EBS 5부작 다큐멘터리 〈공부 못하는 아이〉에서 부모-자식 간의 관계 개선을 통해 아이의 성적을 향상시키는 여러 가지 실험을 진행한 적이 있다. 그중 하나가 고등학생과 그 부모를 대상으로 하루 동안 워크숍 형식으로 진행한 실험이다. 거기서 내가 가장 중점을 두었던 것은 부모와 자녀가 서로 존중하는 마음을 전하는 '존중 커뮤니케이션'이었다. 엄마와 아들, 혹은 아빠와 딸이 무릎을 꿇고 마주 앉아 아이는 "나는 이러저러해서 엄마(또는 아빠)를 진짜 존중합니다"라고 말하고, 부모는 아이의 이름을 부르며 "○○야, 나는 너의 이러저러한 면을 존중한다"라고 말하게 했다.

놀라운 일이 벌어졌다. 실험에 참여했던 부모 대부분이 눈물을 쏟으며 엉엉 울었던 것이다. 부모들은 한결같이 "지금까지 아이가 얼마나 힘들게 살아왔는지, 그렇게 힘든 상황에서도 얼마만큼 잘 살아왔는지를 깨달았다"라고 고백했다. 아이를 존중하는 마음으로 대하는 순간 그동안 보지 못했던 아이의 모습, 존재 자체로서의 가치를 발견할 수 있었다고 했다. 그리고 그 단 하루의 워크숍으로 대부분의 부모 자식의 관계는 몰라볼 만큼 개선되었다.

인간의 마음속에는 타인을 존중하려는 본능이 있다. 하지만 많은 부모가 아이를 두고 '애가 뭘 알아?' 하며 일단 공부부터 시킬 생각만 할 뿐, 어떻게 하면 아이를 인간적으로 존중하면서 대할 수 있을지는 생각하지 않는다. 아이를 하나의 인격체로 존중해야 아이와 좋은 관계를 맺을 수 있다. 존중은 존중으로 돌아온다. 장성한 자녀로부터 존중을 받는 부모들의 특징은 존중하는 양육방식을 지녀왔다는 점이다. 다시 말해 아이로부터 존중받는 부모가 되려면 먼저 존중을 주는 부모가 되어야 한다. 이것이 바로 건강한 부모 자식 관계의 출발점이며, 아이의 대인관계력을 키워주는 첫걸음이다.

이렇게 사랑과 존중에 기반한 대인관계력을 키워줄 때 아이는 설득력을 갖춘 리더로 성장할 수 있다. 실제로 대인관계력은 면접이나 발표, 스피치 현장에서도 큰 힘을 발휘한다. 내가 학교에서 학생들에게 가르쳤던 '면접 잘 보는 법'이 있다. 입시나 취업을 앞두고 면접관 앞에 서면 아는 것도 기억이 안 나고, 말도 제대로 안 나온다. 편도체가 활성화되어 두려움에 빠진 상태이기 때문이다. 나는 학생들에게 면접관을 만나는 장면을 상상하면서, 상상 속에서 그 면접관 한 사람 한 사람을 사랑과 존중의 마음으로 대하는 연습을 시켰다. 면접관이 진심으로 행복하고 건강하길 바라는 마음을 갖고, 그리고 내가 꼭 들어가고 싶은 회사(또는 대학)에 이미 몸담고 있는 그들에게 존경심을 담아 답변하는 상상을 하게 했다.

이 훈련을 지속할 때 마음에서는 어떤 일이 벌어질까? 한마디로 나는 더 이상 면접시험의 평가 대상이 아니다. 당락을 결정하는 주체가 면접관이니 당연히 나는 평가 대상이지만, 사랑과 존중으로 상대방을 대하는 훈련을 하는 순간 나는 곧 그 상황의 '주인'이 된다. 사랑과 존중을 상대방에게 나눠주는 주인공이 되는 것이다. 그리고 내 안에 내재되어 있던 두려움도 사라진다. 평가 대상이라고 생각할 때 활성화되어 있던 편도체가 안정화되기 때문이다. 두려움 대신 사랑과 존중의 마음으로 면접관의 질문에 대답하니, 긴장하거나 떨릴 일이 없고 당연히 설득력이 높아진다. 사랑과 존중의 마음은 전전두피질을 활성화해준다.

발표나 스피치를 할 때도 마찬가지다. 많은 사람을 상대로 대중연설을 할 때 커뮤니케이션 불안증에 시달리는 사람이 많다. 하지만 수백 명 앞에서 연설한다고 해도 '나는 내 말을 들어주는 이 사람들의 건강과 행복을 위해서 이 자리에 섰다. 그리고 이 사람들을 모두 존중한다. 나는 여기에 모인 사람들에게 사랑과 존중을 나눠주는 사람이다'라는 마음을 가진다면, 하나도 떨리지 않는다. 설득력 역시 높아질 수밖에 없다. 이것이 바로 대인관계력이다.

다시 한번 강조하지만, 대인관계력은 무슨 말을 하느냐가 핵심이 아니다. 사랑과 존중의 마음으로 대할 수 있느냐가 핵심이다. 그런 의미에서 이 사랑과 존중은 그냥 생기는 것이 아니라, 노력을 통해 키울 수 있는 능력이라 할 수 있다. 상대방이 예쁘고 마음에 들어야 사랑할 수 있는 것이 아니다. 상대방이 잘나고 멋있어야 존중할 수 있는 것도 아니다. 상대방에게 존경할 만한 구석이 있어서 존중한다면 그저 부러워하는 것이지 진심으로 존중하는 것이 아니다. 존중은 어떤 사람에 대해서도 장점을 발견하고 그 장점을 내가 높이 평가해 존경심을 갖는 것이다. 즉 상대방을 존중하는 건 나의 능력이지 상대방의 자질 문제가 아니다. 내 아이가 설득력을 갖춘 리더로 성장하길 바란다면, 어려서부터 사랑하는 능력과 존중하는 능력을 갖추도록 해야 한다.

특히 부모가 알아야 할 점이 있다. 사랑과 존중을 주관하는 뇌 부위 역시 전전두피질이라는 것이다. 그래서 사랑과 존중의 마음을 계속 훈련한다는 건 곧 전전두피질 활성화와 직결된다. 쉽게 말해 사랑하고 존중할 줄 아는 아이가 수학 문제를 잘 푼다는 얘기다.

부모로부터 사랑과 존중을 배운 아이는 자기 자신을 사랑하고 존중하게 되며(자기긍정), 나아가 타인을 사랑하고 존중하게 된다(타인긍정). 이러한 자기긍정과 타인긍정은 전전두피질을 활성화하는 강력한 방법이다. 나의 장점과 친구를 비롯한 주변 사람의 장점을 적어보고 나서 수학시험을 보았을 때 실제로 성적이 올라간다는 실험 결과도 있다. 장점을 적어보는 행위 자체가 전전두피질을 활성화하기 때문이다. EBS 다큐멘터리에도 나왔듯이 엄마와 '존중 커뮤니케이션' 훈련을 함께 했던 학생들은 몇 달 뒤 성적이 대폭 올랐다.

안타깝게도 우리 교육은 정반대로 가고 있다. 남을 넘어서야 내가 성공할 수 있다는 상대평가 속에서 우리 아이들은 타인을 사랑하고 존중하는 기회를 잃고 있다. 과도한 경쟁 시스템은 진심으로 상대방의 행복을 기원해주고 존경심을 갖게 하기는커녕, '네가 잘났으면 얼마나 잘났어? 내가 훨씬 잘났지' 하는 나르시시즘에 빠지게 한다. 이러한 나르시시즘은 자기긍정이 아니다. 오히려 타인을 부정하는 마음을 자꾸 부추겨 편도체를 활성화하고 전전두피질의 기능을 마비시키는 원인으로 작용한다. 그 결과 아이의 그릿은 갈수록 약해지고 만다.

감사일기, 대인관계력을 키우는 효과적인 훈련법

그렇다면 아이의 대인관계력을 키워줄 수 있는 방법은 무엇일까? 쉬우면서도 그 효과가 매우 강력한 방법이 있다. 바로 감사일기를 쓰는 것이다. 앞서 말했듯 대인관계력의 기저가 되는 전전두피질을 활성화하는 것은 자기긍정과 타인긍정이다. 그런데 누군가에게 감사한다는 건 첫째, 내게 어떤 일이 생겼을 때 그 일이 나한테 긍정적으로 작용했다는 '자기긍정'의 요소가 있고 둘째, 내게 일어난 그 좋은 일이 다른 사람에게서 온 것이라는 '타인긍정'의 요소가 있다. 다시 말해 누군가에게 감사하기 위해서는 자기긍정과 타인긍정이 동시에 일어나야 한다. 수많은 연구가 감사의 효과에 대해 지속적으로 보고하는 이유가 여기에 있다. 감사 훈련은 전전두피질을 활성화하고 마음근력을 키워주는 아주 효과적인 방법이다.[71]

생각해보면 의식주를 비롯해 우리가 향유하는 것 중 내 힘으로 만든 것은 없다. 모두가 다른 사람의 노력에 의해 만들어진 것을 누리며 살고 있다. 그런 관점에서 보면 누군가에게 감사하는 마음을 갖는 것은 아주 자연스럽고 당연한 일이다. 우리가 누리고 향유하는 것 중 다른 사람의 도움 없이 가질 수 있는 건 아무것도 없다는 점을 부모 자신부터 정확히 인식하고 이를 아이에게 가르쳐주어야 한다. 이때 감사일기는 감사하는 마음 습관을 갖게 하는 가장 좋은 방법이다.

잠들기 전에 그날 있었던 일 중 감사한 일을 5개 정도 떠올려본다. 그 감사한 일들을 각각 한 문장으로 짧게 적는다. 매일 똑같이 반복되는 하루에서 감사한 일을 5개나 찾을 수 있을까 싶겠지만, 계속해서 찾다 보면 아주 사소한 것에서도 누군가에게 감사할 거리를 발견하게 된다. 일기를 쓸 때 주의할 점은 반드시 그날 있었던 구체적인 '사건'과 '대상'이 있어야 한다는 것이다. '내게 이런 좋은 일이 있었는데, 그걸 해준 누군가에게 감사하다'라는 두 가지 요소가 들어가야 한다. 아이라면 '맛있는 밥을 먹게 해주신 엄마에게 감사하다', '지각하지 않게 내가 버스에 탈 때까지 기다려준 기사님께 감사하다' 등 흔히 있는 일이지만 감사한 줄 모르고 지나쳤던 일상의 일들을 찾아보는 것이 시작이다.

감사일기를 잠들기 전에 계속 쓰면, 어느덧 감사하는 마음이 습관으로 자리 잡게 된다. 오늘 나의 하루를 꼼꼼히 돌이켜보는 것만으로도 편도체가 안정화되는 효과가 있고, 그 안에서 감사한 일을 하나씩 찾아냄으로써 전전두피질이 활성화된다.

감사일기를 굳이 자기 전에 쓰라고 하는 이유는 기억의 고착화(memory consolidation)를 위해서다. 누군가에게 감사한 일을 반추하는 동안 전전두피질이 활성화되는데, 이러한 변화가 아예 습관으로 굳어지는 과정은 모두 자는 동안에 이루어진다. 즉 기억의 고착화가 수면 중에 진행되는 것이다. 그러므로 잠들기 직전의 뇌 상태가 중요하다. 감사일기를 잠들기 직전에 쓰면 자는 동안 편도체는 안정화되고 전전두피질은 활성화된 상태를 유지하게 된다. 의식적으로 노력하지 않아도 전전두피질을 활성화하는 훈련이 계속되는 것이다.

이를 며칠에 걸쳐 반복하면 어떻게 될까. 우리의 뇌는 학습효과에 의해 '아, 주인님이 밤이 되면 또 나한테 물어볼 거야. 감사한 일을 찾아내라고 하겠지' 하며, 의식하지 않아도 미리 앞서 감사한 일을 찾게 된다. 아침부터 밤까지 하루를 사는 내내 감사하는 마음으로 하루 일과를 모니터링하는 상태에 놓이게 되는 것이다. 쉽게 말해 감사하는 마음이 저절로 유지된다. 이것이 바로 잠들기 직전에 감사일기를 쓰는 것이 가장 강력한 마음근력 훈련법이 되는 이유다.

친구 많은 아이가 공부도 잘하는 이유

자라나는 아이에게 건강한 인간관계의 핵심은 바로 친구다. 흔히 친구들하고 놀 거 다 놀면 대체 언제 공부하느냐고 하는데, 공부를 더 잘하려면 친구들과 친하게 지내는 것이 대단히 중요하다. 인간의 두뇌나 학습능력 발달에 있어서 유아 시절에는 부모와의 관계가 중요하지만, 이후에는 또래집단과의 관계가 훨씬 더 중요한 역할을 하기 때문이다. 사실 문화적 관습이나 가치관, 언어, 행동방식 등은 또래집단으로부터 더 많은 영향을 받는다. 생존과 직결되는 문제는 부모의 영향을 받지만, 구체적으로 어떻게 살아갈 것인지는 또래집단으로부터 더 많은 영향을 받는 셈이다.

주디스 리치 해리스가 혜성처럼 나타나기 전까지만 해도 거의 모든 학자가 인간의 기본적인 성격이나 행동방식은 부모의 양육방식에 의해 대부분 결정된다고 믿었다. 이러한 기본 전제를 바탕으로 학자들은 부모의 어떤 양육방식이 아이의 어떤 성격을 얼마만큼 결정하는지 등을 주로 연구해왔다.

그런데 어느 날 갑자기 나타난 해리스는 모두가 맹신해왔던 기본 전제에 의문을 제기했다. 부모의 양육방식은 아이의 성향이나 행동방식에 커다란 영향을 미치지 못한다는 것이다. 그는 다양한 사례를 통해 부모보다는 밖에서 만나는 학교 친구들이나 동네 또래 아이들이 훨씬 더 중요하고 강력한 영향을 미친다는 사실을 입증했다. 그는 부모의 양육방식이 인성을 결정하는 가장 중요한 요인이라는 '양육가설(nurture assumption)'이 잘못된 신화라는 비판을 매우 설득력 있게 전개했다. 물론 여전히 해리스의 입장을 강하게 비판하는 학자도 있지만, 또래집단의 강한 영향력을 밝혀냈다는 점에서 그의 주장은 경청할 만하다.

사람의 성격이나 능력, 행동방식 등은 선천적인 '유전적 요소'와 후천적인 '환경적 요소'에 의해 결정된다. 환경적 요소 중에서는 부모의 양육이 가장 중요하다고 믿었기에, 학자들은 인간의 어떠한 성향이나 특성이 유전과 양육에 의해 결정되는지에 관심을 가져왔다. 이것이 바로 그 유명한 '유전이냐 양육이냐(nature or nurture?)'의 문제다. 연구결과가 축적될수록 많은 학자가 유전적 요소보다는 양육방식이 더 중요하다는 결론에 도달하곤 했다.

그러나 해리스는 '유전이냐 양육이냐'라는 질문은 '유전이냐 환경이냐'로 바뀌어야 한다고 주장한다. 양육은 아이가 경험하는 수많은 환경 중 일부일 뿐, 결코 가장 중요하고 영향력 있는 환경이 아니라는 것이다. 아무런 의심 없이 모두가 상식처럼 받아들였던 '양육가설'에 의문을 제기하고 그것이 잘못되었음을 입증하는 것은 쉬운 일이 아니었다.

더욱 놀라운 것은 해리스가 교수도, 연구원도, 교사도, 학자도 아니라는 사실이다. 그는 어느 대학에도 소속되어 있지 않은 비제도권 연구자였지만 수십 년 동안 이 주제에 열정과 집념으로 매달렸으며, 마침내 권위 있는 학술지에 자신의 주장을 담은 논문을 발표했다.[72] 그리고 1998년에 이 논문으로 미국심리학회에서 가장 뛰어난 신진 연구자에게 주는 '조지밀러상'을 수상했다. 그때 해리스의 나이는 60세였다.

유전인가, 환경인가

자신의 분야에서 뛰어난 업적을 남긴 사람들의 삶을 들여다보면 항상 역경과 굴곡이 있다. 우리는 어려움을 딛고 자신이 목표한 바를 향해 열정과 집념의 그릇을 쏟아부어야만 커다란 성취를 이룰 수 있다는 사실을 해리스를 통해서도 잘 알 수 있다. 그는 1959년 보스턴의 명문인 브랜다이스대학을 우수한 성적으로 졸업하고, 곧 바로 하버드대학 심리학과 대학원에 진학했다. 하지만 박사학위 취득에 실패한 채 쫓겨나고 만다. 하버드대학에서는 해리스가 독자적인 학자로 성장할 만한 '독창성'이 없다고 판단했다. 다른 사람들의 주장을 정리하는 데는 능할지 모르지만, 자신만의 이론을 제안하고 그것을 입증하려는 독창성이 부족해서 학자가 될 수 없다는 것이었다.

하버드대학에서 박사학위를 받지 못하고 쫓겨난 사실에 너무도 큰 충격을 받은 탓인지, 그는 평생 박사학위를 받지 못했다. 그의 최종 학위는 하버드대학 심리학 석사다. 엎친 데 덮친 격으로 1977년부터는 자가면역 질환인 루푸스와 전신경화증을 앓게 된다. 그럼에도 그는 끝까지 포기하지 않고 열정과 집념으로 자신의 관심 분야에 대한 연구를 혼자 수십 년간 지속했다. 결국 그는 가장 독창적인 논문을 발표하여 심리학계 전반에 강한 충격을 주었고, 마침내 미국심리학회로부터 신진 심리학자에게 주는 최고 영예의 상을 받았다.

재미있는 것은 그 상이 '조지밀러상'이었다는 사실이다. 하버드대학의 유명한 심리학 교수였던 조지 밀러의 업적을 기리기 위해 제정된 상인데, 당시 권위 있는 노교수인 조지 밀러가 미국심리학회 연례학술대회에서 직접 그 상을 수여하곤 했다. 그런데 그는 수십 년 전 공식 서한을 보내 하버드대학 심리학과 박사과정생이었던 해리스를 쫓아낸 바로 그 교수였다.

해리스는 조지밀러상을 받는 자리에서 수상 연설을 시작하자마자 "제가 38년 전 하버드대학 심리학과로부터 받은 편지를 좀 읽겠습니다" 하고는 그 편지의 몇 구절을 읽어 내려갔다. "당신은 학문적 독창성과 독립성이 부족합니다. (중략) 당신은 우리 학과가 바라는 제대로 된 전형적인 심리학자가 되기는 힘들 것 같습니다." 해리스는 이 편지 내용처럼 자신이 '전형적인 심리학자'가 되는 데 실패했기 때문에 이처럼 근본적인 가설을 뒤엎는 독창적인 주장을 내놓을 수 있었다고 수상 소감을 밝혔다.

해리스에 따르면 양육가설은 잘못된 신화다. 아이가 어떤 사람으로 자라날 것인지는, 집에서 이루어지는 부모의 양육방식보다는 집 밖에서 경험하는 또래집단과의 관계에 의해 더 많이 결정된다는 것이다. 즉 부모의 양육 자체보다는 아이가 일상생활에서 늘 경험하는 '환경'이 더 중요하고, 부모는 여러 환경 중 하나일 뿐이다. 해리스가 비판하는 전통적인 양육가설에 따르면, 아이는 부모로부터 언어를 배울뿐더러 여러 문화적 행동양식도 대부분 습득하게 된다. 하지만 해리스는 이 모든 것이 편견이라며 원어민이 아닌 이민자 부모를 둔 아이들을 예로 든다.

폴란드에서 미국으로 이민 온 조셉의 경우를 보자. 영어를 전혀 배운 적이 없는 조셉은 가족과 함께 일곱 살에 미주리주 시골마을로 이민을 왔다. 그 동네에는 폴란드어를 하는 사람도 없었고, 이중언어 교육 프로그램도 없었으며, 학교에서 외국인을 위해 별도로 영어를 가르치지도 않았다. 그럼에도 1년이 지나자 조셉은 친구들과 별다른 무리 없이 소통할 수 있었으며, 2년이 지나자 원어민처럼 완벽하게 영어를 구사하게 되었다. 놀라운 것은 집에서는 계속 폴란드어로만 이야기했다는 사실이다.

조셉의 예에서 볼 수 있듯이, 언어는 부모로부터 배우는 것이 아니라 또래집단으로부터 배운다. 한국에서 태어난 아이가 한국말을 하는 것은 부모가 집에서 한국말을 해서가 아니라, 밖에서 만나는 사람들이 모두 한국말을 하기 때문이다. 언어뿐 아니라 사고방식, 가치관, 세계관까지 부모보다 또래집단이나 공동체로부터 훨씬 더 큰 영향을 받는다.

오늘날 대부분의 한국 학생들은 학교, 학원, 집을 쳇바퀴 돌듯 바쁘게 오간다. 따라서 해리스가 연구 대상으로 삼았던 수십 년 전의 미국 학생들과는 많이 다를 것이다. 그럼에도 한 가지 간과해서는 안 될 점은 한국 학생들에게 또래집단과의 관계는 더욱더 중요하리라는 사실이다. 한국 아이들은 해리스가 연구 대상으로 삼았던 미국 아이들보다 부모와 함께 보내는 시간이 훨씬 적고, 집 밖에서 보내는 시간이 많기 때문이다. 해리스의 연구결과에서 볼 수 있듯, 중고교 시절 또래와 맺는 관계는 부모와의 관계 이상으로 아이의 삶에 많은 영향을 미친다. 친구나 선생님 등 주변 사람들과 잘 지내는 능력은 어려서부터 키워주어야 할 매우 중요한 능력이다. 앞서 얘기했듯이 제임스 헤크먼 교수가 강조한 소프트 스킬 중 하나가 바로 이러한 '친화력', 즉 대인관계력이다.

모든 능력의 원천, 소통

인간관계를 제대로 잘 맺는 '친화력'을 커뮤니케이션 학자들은 소통능력이라 부른다. 소통능력을 키우면 건강한 인간관계를 형성할 수 있고, 스트레스 레벨은 낮아지고 전전두피질이 활성화되어 자기조절력을 높일 수 있게 된다. 보통 '소통능력'이라 하면, 말을 잘하거나 글을 잘 쓰는 능력을 떠올리기 쉽다. 하지만 메시지를 잘 전달하고 잘 알아듣는 것은 언어능력이다. 언어능력은 소통능력을 이루는 요소 중 하나이지만 소통능력과는 뚜렷하게 구분된다. 소통능력은 건강한 인간관계를 맺는 능력이며, 이는 사랑과 존중이라는 두 가지 축으로 인간관계를 유지하는 능력이다. 달리 말하면 인간관계를 통해 사랑과 존중을 주고받는 능력이다.

사랑과 존중의 마음은 저절로 생겨나지 않는다. 나 자신과 다른 사람의 장점을 보는 습관을 들여야 사랑하고 존중할 능력이 생긴다. 상대방을 사랑하고 존중하는 것은 매우 중요한 능력이다. 많은 사람이 상대방이 매력적이거나 마음에 들면 사랑하는 마음도 저절로 생겨난다고 착각한다. 즉 상대를 사랑하는 것이 상대의 매력에 달려 있지, 내 능력이라고 생각하지는 않는다. 존중하는 마음도 마찬가지다. 상대방이 얼마나 잘났느냐에 달려 있지, 내가 상대를 존중하는 마음에 달려 있다고는 생각하지 않는다. 모두 잘못된 생각이다.

사랑과 존중의 능력이 부족한 사람은 아무리 매력적이거나 잘난 사람을 봐도 사랑하거나 존중하는 마음이 생기질 않는다. 자꾸 단점을 보려 하고 비판할 점을 찾으려 한다. 사람을 부정적으로 보는 마음의 습관 때문이다. 누군가를 사랑하고 존중할 수 있는 능력을 지녔다는 것은, 상대방의 장점과 긍정적인 면을 굳이 의식하거나 노력하지 않아도 잘 볼 수 있다는 뜻이다. 이러한 긍정적인 마음은 저절로 생기지 않는다. 상대방에 대한 사랑과 존중의 마음은 어려서부터 교육을 통해 길러지는 것이다.

소통능력은 곧 관계 형성 능력이자, 마음의 근력인 회복탄력성의 원천이다. 미국 아이비리그 대학에 진학한 한국 학생 중 44%가 중도에 탈락한다는 조사결과를 본 적이 있다. 부모의 강압으로 학원에 가서 주어진 문제만 풀던 아이가 미국 대학에 적응하기 힘든 것은 어찌 보면 당연한 결과일지도 모른다. 소통능력이 떨어져서, 자기 감정조절 능력이 부족해서, 남들이 나를 흉보는 것 같고 무시하는 것 같은 기분이 들어서 등등의 이유로 위축되고 외톨이가 된다면 새로운 환경에 적응하기 힘들 수밖에 없다.

여기서 '적응'한다는 것의 핵심은 인간관계를 잘 맺는다는 것이다. 기숙사 룸메이트, 수업시간 조별 활동을 함께 하는 학생들, 교수들, 그리고 많은 동료들, 이러한 모든 사람과 원만한 인간관계를 맺고 소통을 잘하는지가 학교 생활의 성공 여부를 결정한다. 대학생활만이 아니다. 직장생활도 마찬가지다. 한 인간의 성공을 결정하는 것은 소통능력이라 해도 과언이 아니다. 소통능력 향상을 위해서는 꾸준히 긍정적 정서를 유발하는 습관을 길러야 한다. 게다가 긍정적 정서는 이제부터 살펴볼 '자기동기력'과도 직결된다.

Growing through
Relatedness,
Intrinsic motivation &
Tenacity

5장

자기동기력

열정을 갖고 스스로 해내는 힘

아이가 공부하지 않는 이유는 따로 있다

"우리 애가 머리는 좋은데 노력을 안 해요. 노력만 하면 잘할 텐데." 한 번쯤 부모들의 이러한 푸념을 들어봤거나 혹은 해봤을 것이다. 그런데 왜 아이가 공부를 열심히 안 하는지 생각해본 적이 있는가? 그냥 공부하기 싫어서? 게을러서? 아직 철이 덜 들어서? 책임감이 없어서? 꿈이 없어서? 게임하고 싶어서?

다 어느 정도는 맞는 답이다. 그러나 정답은 아니다. 게을러지고, 공부가 싫어지고, 인내심도 없고, 책임감도 없고, 그저 게임이나 하려는 건 원인이 아니라 결과다. 아이가 공부를 안 하는 것은 다른 어떤 구체적인 이유가 있어서도 아니고, 다른 어떤 일이 더 재미있어서도 아니다. 공부하고자 하는 동기가 유발되지 않았기 때문이다. 설령 동기부여가 되었다고 하더라도, 그것을 적극적으로 실천에 옮길 마음근력이 고갈되었기 때문이다. 이런 아이일수록 스스로에게 동기를 부여할 수 있는 자기동기력을 북돋워줘야 한다. 무슨 일이든 열정적으로 해내려면 스스로에게 동기를 부여할 능력이 있어야 한다. 이를 '자기동기력'이라고 한다. 동기(motivation)는 어떠한 행동을 열심히 하게 만드는 일종의 원동력이다. 동기에는 외재동기와 내재동기가 있다. 외재동기는 어떠한 보상을 바라고 특정 행동을 하는 것을 말한다. 예를 들어 돈을 벌기 위해서라면, 돈이라는 보상이 바로 외재동기다. 한편 내재동기는 보상 때문이 아니라, 일 자체가 즐겁고 재미있어서 하는 것을 말한다. 가령 그림 그리는 것 자체가 좋고 재미있어서 열심히 그림을 그린다면, 이는 그림 그리기에 대한 내재동기가 있는 것이다. 이러한 내재동기는 사람을 즐겁고 행복하게 만든다.

미국의 심리학자 해리 할로는 이미 1949년에 실험을 통해 내재동기를 발견했다.[73] 그는 원숭이들에게 '퍼즐 풀기'라는 과제를 주었다. 경첩과 핀 등으로 된 퍼즐을 주자 원숭이는 신나게 퍼즐을 풀었다. 인간에게는 아주 쉽고 간단한 일이었지만, 붉은털원숭이에게는 상당히 어려운 과제여서 족히 몇 분은 퍼즐을 붙들고 씨름해야 했다. 그러나 어떤 보상도 없었음에도 원숭이들은 열심히 퍼즐을 풀었다. 원숭이에게도 퍼즐 풀기 자체가 재미있고 즐거운 일이었던 것이다! 게다가 2주쯤 지나자 원숭이들은 퍼즐을 훨씬 더 빨리, 더 잘 풀었다.

할로는 원숭이를 두 그룹으로 나눈 후에 한쪽 그룹의 원숭이들에게만 외적 보상을 주었다. 원숭이가 퍼즐을 풀 때마다 주스와 건포도를 준 것이다. 시간이 좀 지나자 이 그룹의 원숭이들은 퍼즐을 풀면 먹을 게 주어진다는 사실을 깨닫게 되었다. 원숭이들은 이제 '먹이'라는 외적 보상을 얻기 위해 퍼즐만 보면 풀기 위해 달려들었다. 퍼즐 풀기라는 행위를 하는 동기가 '즐거움'이라는 내재동기 대신 '먹이'라는 외재동기로 대체된 것이다. 그러자 놀랍게도 퍼즐을 푸는 능력이 다른 그룹에 비해 저하되었다. 그냥 퍼즐 푸는 것 자체를 즐길 때는 척척 잘 풀던 원숭이들이 보상을 바라고 퍼즐에 달려들자 푸는 시간도 더 오래 걸렸고, 끝까지 풀지 못하는 경우도 속출했다. 퍼즐을 즐거운 놀이로 여겼을 때는 잘 풀었지만, 점차 퍼즐을 먹이를 얻는 수단으로 여기고, 나아가 먹이를 얻지 못하는 방해꾼으로 받아들이게 되자, 퍼즐 푸는 능력이 현저하게 떨어진 것이다.

원숭이 실험만이 아니다. 해리 할로 이후 많은 학자가 인간도 내재동기를 바탕으로 과제를 수행했을 때 훨씬 더 잘한다는 사실을 수많은 연구를 통해 입증했다. 한마디로 우리는 어떤 일을 좋아서 할 때 그 일을 더 잘하게 된다. 내재동기는 자신이 하는 일이 재미있고 즐거운 나머지 시간 가는 줄 모르고 그 일에 빠져들게 하는 힘이다. "신선놀음에 도끼자루 썩는 줄 모른다"는 속담이야말로 내재동기의 가장 적절한 비유가 아닐까.

그렇다고 무조건 내재동기만이 좋은 것인가 하면 꼭 그렇지도 않다. 그럿을 위해서는 내재동기와 외재동기 둘 다 필요하다. 수학을 공부하는 학생을 생각해보자. 수학이 재미있어서 공부하는 학생은 수학에 대한 내재동기의 수준이 높은 것이고, 단지 점수를 잘 받기 위해(보상 획득) 혹은 엄마에게 야단맞지 않으려고(처벌 회피) 수학을 공부하는 학생은 외재동기 때문에 수학을 공부하는 것이다.

동일한 시간 동안 같은 수학 공부를 하더라도, 수학이 재미있어서(내재동기) 공부하는 학생이 단지 점수를 잘 받기 위해(외재동기) 공부하는 학생보다 더 효율적으로 공부하게 된다. 재미있고, 즐겁고, 덜 힘들고, 신나고 기분 좋게 공부하기 때문이다.

그러나 공부를 계속하다 보면 어느 순간 지겹고 고통스러울 때가 있다. 슬럼프에 빠지기도 한다. 수험생이 늘 내재동기에 의해서만, 단지 즐거워서 공부하기란 거의 불가능하다. 급여를 받고 일하는 직장인도 매일매일 즐겁게 일할 수만은 없지 않은가. 이때는 적절한 외재동기가 필요하다. 흔히 말하는 목표의식, 미래에 대한 비전, 공부에 대한 필요성 등을 다시 일깨워주는 것이다.

이는 결국 내재동기 위주로 공부를 해야 하지만, 부가적으로 외재동기도 필요하다는 뜻이다. 그런데 대부분의 학부모와 교사는 외재동기만을 강조한다. 열심히 공부해서 좋은 대학에 들어가야 잘 먹고 잘살 수 있다는 논리(?)를 앞세운다. 좋은 대학 가는 것보다 더 중요한 게 뭐가 있느냐며 목숨 걸고 공부하라는 식이다. 이처럼 보상 획득이나 처벌 회피를 강조하는 외재동기만으로 지속적인 열정과 끈기를 이끌어낼 수 있을까? 오히려 외재동기만 지나치게 강조하다가 내재동기를 갉아먹고 열정에 찬물을 끼얹을 수도 있다. 이미 수많은 연구결과가 이러한 사실을 입증하고 있다. 내재동기를 바탕으로 공부하되 보완적으로 외재동기를 부여하는 것이 가장 이상적이다. 하지만 아직 공부하는 습관이 들지 않은 학생에게는 일단 외재동기를 자극하여 공부를 시작하도록 하는 것도 도움이 된다.

자율성, 자기동기력의 핵심

40년 넘게 동기부여에 대해 꾸준히 연구해온 에드워드 데시와 리처드 라이언 교수에 따르면 자율성이야말로 스스로 동기를 유발하는 핵심적 요인이다.[74] 인간의 심리적 욕구 중 하나인 자율성은 '내 인생에서 중요한 결정은 내가 내린다. 누가 내게 이래라저래라 할 수는 없다. 내 삶의 주인은 나다'라는 느낌을 의미한다. 이러한 자율성의 수준이 높을수록 그 사람은 어떤 일을 하든 자기동기력을 발휘할 가능성이 높아진다.

아이들이 노는 모습을 유심히 본 적이 있는가? 즐겁게 노는 어린 아이는 완벽한 자율성의 상태, 그 자체다. 누가 이거 해라 저거 해라 시켜서 노는 것이 아니다. 그저 눈에 보이는 세상이 신기하고 재미있어서 무조건 이것저것 가지고 놀 뿐이다. 아이는 자기의 외부

환경을 스스로 변화시킬 때 무한한 즐거움을 느낀다. 물장난이나 모래장난을 특히 좋아하는 것도 이 때문이다. 물이나 모래는 내 손이 닿는 대로 바로바로 반응한다. 아이가 종이를 구기고 방을 온통 어질러놓는 것도 바로 이 때문이다. 자기 뜻에 따라 세상이 뭔가 달라지기 때문이다. 세상을 변화시킴으로써 스스로 변화하는 과정이 바로 성장이다. 이 과정에서 가장 중요한 것이 바로 자율성이다. 내 뜻대로, 내 의지대로 세상을 변화시키는 것이야말로 자율성의 핵심이다. 이렇게 노는 아이는 즐겁고 재미있기 때문에 그러한 행동을 열심히 한다. 다른 어떤 것을 얻고자 물장난을 하고 방을 어지럽히는 것이 아니라, 그 자체가 즐겁고 재미있어서 그렇게 할 뿐이다.

이것이 아이들이 '노는' 방식이다. 자율성이야말로 놀이의 기본이다. 다른 사람의 의지에 따라, 다른 사람이 시키는 대로 어떤 일을 한다면 그것은 결코 '놀이'가 될 수 없다. 똑같은 행위라도 스스로 자율적으로 해야 재미있는 놀이가 되고 내재동기가 생겨난다.

데시와 라이언의 자기결정성 이론에 기반한 수십 년 동안의 연구 성과는 동기부여를 위해 가장 필요한 것이 바로 자율성임을 암시한다. 자율성이란 어떤 일을 하는 기본적인 이유가 나의 내면으로부터 비롯되었다는 느낌이다. 내 뜻이 아니라 다른 사람이 원해서 어쩔 수 없이 그 일을 할 때, 우리는 자율성을 갖지 못하고 내재동기 역시 자연스레 사라져버린다. 앞서 살펴보았던 하이스코프 페리 프리스쿨 프로젝트에서 강조하는 연구결과의 핵심도 바로 이 자율성의 느낌을 아이들에게 지속적으로 심어주는 것이었음을 기억해야 한다.

아이는 누가 시키지 않아도 게임을 열심히 한다. 게임 자체가 재미있어서 열심히 한다. 왜 그럴까? 왜 아이들은 게임에 대해서는 강한 내재동기를 갖는 것일까? 역시 자율성 때문이다.

우리나라 청소년은 학교에서나 집에서나 자율성을 느낄 기회가 거의 없다. 모든 일이 부모님이나 선생님이 시켜서 하는 일이고, 본인이 스스로 결정해서 하는 일은 거의 없다. 그런데 게임은 다르다. 오늘 어떤 게임을 할지, 누구와 할지, 어떤 맵(map)을 선택하고, 어떤 종족을 선택하고, 어떤 아이템을 장착해서, 어떤 전략으로 싸울지 등을 스스로 결정한다. 게임하는 내내 내가 그만두고 싶으면 언제든 그만둘 수 있다는 자기통제의 느낌도 충분히 만끽한다. 온라인 게임에 접속하는 순간, 내가 체험하는 세상은 모두 나의 손끝에서 통제되며 내 결정에 의해 전개된다. 이러한 자율성 때문에 게임에 깊이 빠져드는 것이다.

게임 때문에 골머리를 앓는 부모가 많다. 강제로 컴퓨터를 끄고 게임을 못하게 혼을 내도 별 소용이 없는 듯하다. 심지어 16세 미만의 청소년에게는 자정부터 새벽 6시까지 접속을 차단하는 '셧다운제'가 도입되기도 했다. 하지만 이러한 강압적 규제가 소용이 없다는 것은 이미 현실적으로 입증된 지 오래다. 실제로 셧다운제는

2021년에 결국 폐지되었다. 청소년 게임중독에 관한 연구들은 하나같이 부모가 강압적으로 게임을 못하게 한 청소년일수록 오히려 게임중독 성향을 보일 가능성이 높다는 사실을 보고하고 있다. 아이들에게 온라인 게임은 숨 막히는 타율적 현실로부터 숨을 수 있는 유일한 도피처다. 그걸 억압할수록 게임이라는 도피처는 더욱더 매력적으로 보일 수밖에 없다.

잠시 사고실험을 하나 해보자. 청소년이 게임을 안 하게 하려면 어떻게 해야 할까? 게임을 하는 근본적인 이유를 없애면 된다. 자율성 때문에 게임을 하는 것이니 자율성을 빼앗아버리는 것이다. 게임에서 자율성을 없애는 방법은 간단하다. 게임을 강제로 시키면 된다. 예컨대 중학교 필수과목으로 '게임'을 개설하자. 게임의 역사부터 이론에 이르기까지 딱딱한 내용을 잔뜩 담은 게임 과목 교과서를 도입하자. 1학년 1학기에는 모든 게임의 기초라 할 수 있는 테트리스만을 강제로 시킨다. 수업시간에도 테트리스를 가르치고, 숙제도 테트리스로 내고, 중간고사와 기말고사도 테트리스로 시험을 보면 된다. 내신이 중요하므로 아이들은 곧 게임 학원에 가서 테트리스를 열심히 연습하게 될 것이다. 엄마들은 아이에게 왜 테트리스를 열심히 안 하냐고 성화를 부릴 것이다. 이렇게 한 학기만 하면 아이들은 게임에 점점 흥미를 잃을 것이다. 학년이 올라가면서 매학기 리그오브레전드, 포트나이트, 카운터스트라이크 등을 강제로 가르치고 시험 보면, 아이들은 점차 게임을 증오하게 될 것이다. 대학입시에서 수능 필수과목으로 리그오브레전드를 채택한다면, 분명 대학에 진학하자마자 게임과는 담을 쌓게 될 것이다. 이렇게 강제로 시키면 재미있던 게임도 지루해지고 하기 싫고 고통스러운 일이 된다. 원래 수학은 인류의 지적 유희이자 게임이었다. 그걸 강제로 시키면서부터 재미없는 일이 되어버렸다. 공부가 다시 재미있는 일이 되려면? 자율성을 부여해야 한다. 스스로 공부 계획을 세우고 실행하는 자율성의 느낌을 되찾아줘야 한다.

등산도 마찬가지다. 취미로 등산을 즐기는 사람은 많다. 건강에 좋긴 하지만 산을 오르는 일은 다리도 뻐근해지고 숨도 가빠지는, 육체적으로 힘든 일이다. 그럼에도 취미로 산에 오르는 사람은 기본적으로 자율성을 느낀다. 누가 시켜서 산에 오르는 것도 아니고, 먹고살기 위해 싫지만 어쩔 수 없이 오르는 것도 아니다. 그냥 자기가 좋아서 오르는 것이다. 어느 산에 오를지, 언제 올라갔다가 언제 내려올지, 몇 시간 동안이나 산을 탈지 등등의 모든 결정이 자율적으로 이루어진다. 이처럼 자율성을 가질 때 산에 오르는 일이 재밌어진다.

그런데 어느 날 담임선생님이 학생들에게(혹은 사장이 전 직원에게) ○월 ○일 오후 2시까지 북한산 정상에 집합하라는 명령을 내렸다고 상상해보자. 그래서 모두들 강제로 산에 올라야 하는 상황이라면? 늘 즐겁게 오르는 산이라 해도 이처럼 외부에서 강제적으로 부여된 목표라면 결코 즐거울 리 없다. 누군가 나에게 어떠한 일을 시키는 순간, 그 일은 하기 싫은 것이 되어버린다.

에이브러햄 매슬로에 따르면 인간의 성장을 위해서는 놀이가 필요하다. 주변 환경을 자기 뜻대로 바꿔가는 놀이 말이다. 그러기 위해서는 '건강한 어린아이다움(healthy childishness)'이 필요하다.[75] 어린아이처럼 맑고 명랑한 마음으로, 마치 노는 듯한 기분으로 자신의 일에 열정을 갖고 달려드는 사람이 바로 '내재동기형 인간'이다. 이런 사람은 행복한 삶을 사는 것은 물론 지속적인 발전과 뛰어난 성취를 이루게 마련이다. 자기 분야에서 일가를 이룬 사람을 보면 어딘지 모르게 어린아이 같은 면이 있다. 그들은 성공했기 때문에 행복하고 자신의 일을 좋아하는 것이 아니라, 행복한 마음으로 자신의 일을 좋아해서 했기 때문에 성공한 것이다.

자발적으로 잘 놀았던 아이가 성인이 되어서도 건강한 유아성을 계속 유지하게 되고, 관계성이 좋고, 남을 배려하고, 유능하고, 창의적이며, 그 결과 더 성공적인 삶을 살게 된다. 성취역량이 뛰어난 사람들의 공통점은 자기가 하는 일을 즐긴다는 것이다. 자기 스스로에게 동기를 유발할 수 있는 자기동기력을 지녔다는 뜻이다. 하기 싫은 일을 마지못해 꾹 참고 해서 성공한 사람을 본 적 있는가? 하기 싫은 일을 타인의 의지에 따라 꾹 참고 하는데 잘 해내기란 거의 불가능하다. 그런데도 많은 부모가 아이에게 공부란 원래 힘들고 하기 싫은 것이지만 꾹 참고 하라고 강요한다. 그러면서 공부를 잘하기를 바라니 답답한 노릇이다.

아들 셋을 모두 서울대 보낸 교육비법

언젠가 TV의 인기 토크쇼에 가수 이적이 출연한 적이 있다. 이적은 삼형제 중 둘째인데, 그를 포함한 아들 셋이 모두 서울대에 진학한 것이 화제에 올랐다. 진행자가 어머니만의 교육방침이 있었느냐고 묻자, 이적은 어머니의 교육비법은 "공부를 안 시킨 것"이라는 독특한 답변을 했다. 단 한 번도 공부하라고 말한 적이 없다는 것이다. 대신 "네가 공부를 잘하는 것은 엄마를 위한 것이 아니라 네 일이다"라고 강조했다고 한다. 바로 이것이다. 공부를 잘하게 하려면 이렇게 공부에 대한 자율성을 길러줘야 한다.

나는 소셜미디어에 이적의 인터뷰 내용을 올리면서, 어린아이에게 억지로 공부시키는 것이 얼마나 위험한지를 지적했다. 그랬더니 서울대에서도 공부 잘하기로 소문난 어느 교수가 이런 댓글을 달았다. "저희 어머니도 자식들에게 평생 공부하라는 말씀을 한 번도 안 하셨네요." 생각해보니 우리 부모님도 나와 동생에게 공부하라는 잔소리를 단 한 번도 하신 적이 없다. 그냥 '뭐든 알아서 해라'가 어머니의 교육방침이었다.

내가 중학교에 입학하기 전 겨울방학 때의 일이다. 당시는 중학교에 들어가면서 처음으로 영어 알파벳을 배우던 시절이었다. 친구들이 모두 학원에 다니는 것을 보고서는 나도 친구들을 따라 학원에 갔다. 학원비 등을 알아보고는 집에 와서 어머니에게 나도 친구들과 함께 학원에 다니고 싶다며 한 달 학원비가 얼마인지 말씀드렸다. 어머니는 내 말만 듣고 그 자리에서 학원등록비를 주셨고, 나는 내가 선택한 학원이라 더욱 열심히 다녔던 기억이 난다. 그 후에도 계속 학원을 다닐지, 아니면 다른 학원으로 바꿀지 등을 내가 직접 결정했다. 부모님은 아마 내가 다니는 학원이 어느 동네에 있는지도 모르셨을 것이다.

그때는 몰랐지만 이제 와서 생각해보니, 어머니는 어린 아들의 모든 판단을 존중해줌으로써 요즘 교육학자들이 강조하는 자율성 지지 환경을 만들어주셨던 것이다.[76] 게다가 학원비 등에 대해서도 내 말을 철저히 믿어주셨다. 부모가 자식을 신뢰하면 자식은 결코 부모를 속이지 않는다. 믿는 척해서는 안 되고 그냥 100% 믿어야 한다. 사람은 상대가 나를 믿는지 안 믿는지를 감지할 수 있는 놀라운 능력을 지녔다. 부모 자식 사이도 마찬가지다. 자식을 신뢰하면 자식은 부모를 신뢰하고, 자식을 존중하는 마음으로 키우면 자식 역시 부모를 진심으로 존경하게 마련이다.

우리 부모님 이야기를 잠깐 하자면, 어렸을 적부터 나를 친구처럼 대해주셨다. 나는 중·고등학교와 대학 시절 부모님과 정말 많은 대화를 나누었다. 부모님은 공부와 관련해서도 나를 한 번도 압박하거나 야단친 적이 없다. 이적의 어머니와 마찬가지로 철저히 '공부는 네가 알아서 해라'가 부모님의 교육방침이었다. 이적의 형제들처럼 나와 내 동생 모두 서울대에 들어갔다. 나 역시 내 아이들에게 공부하라고 강요한 적이 한 번도 없다. 아이 둘 다 서울대에 들어갔다.

가수 이적의 형제들, 내 소셜미디어에 댓글을 남긴 서울대 교수, 나와 내 동생, 내 딸과 아들의 공통점은 모두 부모로부터 공부하라는 강요를 단 한 번도 받은 적이 없다는 것, 그리고 모두 서울대에 들어갔다는 것이다. 만약 부모가 어렸을 적부터 공부하라고 들들 볶고 스트레스를 줬다면? 아마 다들 서울대에 들어가기 힘들었을 것이다.

"에이, 알아서 잘했으니까 공부하라고 할 필요가 없었겠지" 하는 독자도 있을 것이다. 그러나 순서가 거꾸로다. 공부를 강요하지 않으니 알아서 잘하고 싶은 마음이 들었던 것이다. 부모가 공부하라고 강요하지 않고 자율적으로 생활하게 놔뒀기 때문에 스스로 동기부여를 할 수 있었다. 반대로 자꾸 공부하라고 강요하면, 공부는 재미없고 참아야 할 고통이고 하기 싫은 것이라는 느낌이 들어 더 안 하게 된다.

물론 공부하라는 소리를 안 한다고 모든 학생이 열심히 공부하는 건 아니다. 공부 자체가 적성에 맞지 않고 재미없어서 하기 싫어하는 학생도 분명 있다. 이런 학생에게는 공부하라고 강요하는 것이 더욱더 소용없는 일이다. 잔소리한다고 해서 갑자기 공부하려는 의욕이 생길 리는 만무하니 말이다. 오히려 공부하는 척만 하게 되고, 공부에 대한 작은 관심이나 흥미마저 사라지게 하는 역효과만

낳기 쉽다. 결국 어떤 경우에도 공부하라는 잔소리는 자녀에게 도움이 되지 않는다.

지금부터라도 늦지 않았다. 아이에게 공부하라는 말을 하지 마라. 공부나 성적과 관련해서 어떠한 부정적인 정서도 드러내지 마라. 공부에 대한 당신의 고정관념을 바꿔야 공부에 대한 자녀의 태도도 바뀔 수 있다. 혹시 성적이나 공부 때문에 아이를 야단치고 있다면, 당신도 모르는 사이에 아이의 공부에 대한 동기와 의욕을 마구 짓밟고 있는 것이다.

혹시 당신은 이렇게 반문할지도 모르겠다. "공부에는 때가 있다는데 어떻게 하란 말이지? 지금 당장 공부를 안 하는데, 그냥 놔두라는 건가?" 그냥 내팽개쳐두라는 얘기는 결코 아니다. 아이가 공부를 안 하는 데는 이유가 있을 것이다. 그 이유를 파악해 적절하게 대처하는 법이 바로 이 책 안에 있다. 우선 무조건 공부를 강요했다가는 역효과가 난다는 사실을 기억하기 바란다. 아이가 공부할 의향이 있는 것 같은데 열심히 안 하는 것은 앞서 살펴본 대로 자기불리화 때문일 수도 있고, 자기조절력이 부족해서일 수도 있다. 어느 경우인지를 정확히 파악해서 적절히 도와야지 무조건 다그치기만 해서는 안 된다. 가장 기본 원칙은 편안전활을 통해서 마음근력을 길러주는 것이다.

한국 학생들이 중학교 때까지만 공부를 잘하는 이유

다른 나라 학생들과 비교해볼 때, 우리나라 학생들의 학업성취도는 가히 세계 최고 수준이다. OECD에서 3년에 한 번씩 실시하는 국가 간 학력비교조사연구(PISA: Program for International Student Assessment)에 따르면, 한국 학생들의 수학, 과학, 국어(독해)의 학업성취도는 매우 뛰어나다.

2022년에 실시된 81개국 학력 비교에 따르면 우리나라 학생들은 수학, 과학, 국어 모두 최상위권(4위 내)에 들었다. OECD국가(38개국)만 놓고 보면 국어와 수학은 1위, 과학은 2위를 차지할 만큼 놀라운 성과를 보여주었다. 그러나 학업성취도만 보고 좋아하기에는 석연치 않은 점이 있다. PISA 결과를 좀 더 자세히 들여다보면, 학업성취도뿐 아니라 그와 관련된 다른 주요 항목들도 포함되어 있기 때문이다.

우선 학업흥미도를 보면 81개국 중 수학이 79위, 과학이 62위, 국어가 74위로 최상위권인 학업성취도에 비해 매우 낮은 수준이다. 학습 자체에 대한 즐거움이나 관심을 나타내는 내재적 동기 역시 수학이 76위, 과학이 52위, 국어가 72위에 그치고 있다. 대부분의 경우 학업성취도는 흥미도나 내재동기와 정적 상관관계를 보인다. 즉 다른 나라 학생들은 보통 학업성취도가 높으면 흥미도나 내재동기 수준도 높게 나타난다. 학업성취도는 극단적으로 높은데, 흥미도와 내재동기는 극단적으로 낮은 나라는 한국뿐이다.

한국 학생들의 높은 학업성취도와 낮은 내재동기의 기이한 결합은 모든 과목에서 지속적으로 나타나고 있다. 이러한 국가 간 비교 연구는 한국 교육의 문제점을 단적으로 보여준다. 흥미도(내재동기)나 자기주도 학습(자율성)의 수준은 매우 낮지만 학력수준만 높은 독특한 기형적 구조인 셈이다. 여기에서 눈여겨봐야 할 점은 PISA의 조사 대상이 만 15세(중학교 3학년)라는 사실이다. 다시 말해 부모와 교사가 강압적으로 공부를 시킬 수 있는 나이이다. 배우는 내용 또한 난이도가 그렇게 높지 않아 내재동기(학업흥미도)나 자율성(자기주도 학습능력)이 높지 않아도 억지로 머릿속에 넣을 수 있다. 하지만 장기적으로 학업성취도를 결정하는 것은 결국 내재동기와 자율성이다. 고등학교와 대학교에 진학하면서 이러한 한국식 '강제학습'은 효과를 발휘하기 힘들어진다. 실제 우리나라 중학생의 학력수준은 세계 최고이지만 대학생의 학력수준은 형편없이 낮다. 중학교 3학년 이후부터 학업성취도가 급격하게 떨어진다고 볼 수 있다.

한국계 시각장애인 최초로 미국 피츠버그대학에서 박사학위를 받고 백악관 국가장애위원회 정책차관보를 지낸 강영우 박사는 교육에도 유달리 관심이 많았다. 안타깝게도 그는 2012년 췌장암으로 별세했는데, 한국식 교육의 '결정적인 약점'을 지적한 바 있다. 매년 한국 학생들이 하버드대학에 우수한 성적으로 입학한다. 강 박사에 따르면 하버드대학에 입학한 한국 학생은 전체 학생 1600명 중 6% 정도였다. 이들은 미국 수학능력평가시험(SAT) 성적이나 내신 성적도 매우 우수했다. 그러나 같은 해 낙제한 학생 중에서 가장 높은 비율을 차지한 것도 한국 학생이었다. 10명 중 무려 9명이나 될 정도였다. 입학생 중 한국 학생은 겨우 6%에 불과했지만, 낙제생 중에서는 90%나 되었던 것이다.

이는 내재동기와 자율성을 길러주지 않은 상태에서 강압적으로 공부를 시켜 일단 성적을 올리는 데는 성공했지만, 장기적으로 스스로 무언가를 성취할 수 있는 그릇을 갖추지 못했기 때문이다. 공부에 대한 열정과 끈기를 꾸준히 발휘하려면 자기동기력이 있어야 하고, 그러려면 '내가 원해서, 내가 하고자 해서, 내가 택해서, 나의 의지로 공부한다'라는 생각이 머릿속에 확고하게 자리 잡아야 한다.

우리나라 학생들에게 공부하는 이유를 물어보면, 안타깝게도 '엄마를 기쁘게 해드리기 위해서'가 1위를 차지한다. '공부가 좋아서', '재미있어서'라고 대답하는 학생은 좀처럼 찾아보기 힘들다. 이 책을 읽는 부모들은 '아이에게 공부를 시켜야 한다', '공부는 원래 아이가 싫어하는 것이니 억지로라도 시켜야 한다'라는 생각을 완전히 버려야 한다. 그렇지 않으면 부모는 아이의 공부를 방해하는 존재가 될 수밖에 없다. 이 책을 읽는 학생들 역시 부모님 때문에, 다른 사람 때문에 어쩔 수 없이 공부한다는 생각을 완전히 버리기 바란다. 대신 내 인생은 내가 사는 것이고, 내 인생을 제대로 살기 위해, 내가 원해서, 나의 뜻대로, 나의 의지로, 공부하기로 스스로 마음먹었다고 생각하기 바란다. 그래야만 자기 인생의 주인공이 될 수 있고, 공부도 제대로 할 수 있다.

아이의 자율성은 어려서부터 키워줘야 한다. 자율성을 지지하는 환경을 만들어주어야 아이는 자기가 하는 공부에 대해 더 강한 내재동기를 갖게 되며, 더 나은 학업성취도를 보인다는 연구결과가 많다.[77] 공부와 관련해 아이의 자율성을 키워주려면, 우선 공부 안 하면 인생을 망칠 것이라는 공포감을 조성해서는 안 된다. 앞으로 살아가게 될 인생에는 공부보다 훨씬 더 중요한 일이 많다는 사실을 아이에게 분명히 가르쳐주어야 한다. '세상에서 할 수 있는 많은 일 가운데 하나가 공부이며, 공부는 내가 좋아서, 스스로 선택해서 하는 것'이라는 기본적인 가치관과 세계관을 확실히 심어주는 게 좋다.

자율성으로 자기동기력을 키워라

꽤 오래전, 가족처럼 가깝게 지내던 대학 후배가 고민 상담을 해왔다. 말 잘 듣고 공부도 곧잘 하던 딸아이가 중학교에 들어가더니 갑자기 공부하기 싫다며 반항을 한다는 것이었다. 아이가 하기 싫은 공부를 꼭 해야 하느냐고 묻는데, 어떻게 해야 할지 모르겠다며 나더러 자기 대신 아이를 타일러주면 안 되겠느냐고 부탁했다. 평소 그 집 아이를 친조카처럼 아껴오던 나는 부탁을 들어주는 대신 조건 하나를 걸었다. 아이가 공부를 하든 안 하든, 절대 야단치거나 다그치지 말라는 조건이었다.

대부분의 부모는 아이가 철이 없어서, 뭘 잘 몰라서 공부를 안 한다고 생각하지만, 사실 공부에 대해 가장 심각하게 고민하는 사람은 부모가 아니라 아이 자신이다. 후배의 딸을 만났을 때, 아이는 고민이 가득한 얼굴로 내게 물었다.

"정말 공부하기가 싫거든요. 그런데 공부 안 하면 어떻게 돼요?"

중1 아이가 던진 심각한 질문에 나는 "공부든 뭐든, 해도 그만 안 해도 그만이다. 건강하고 행복하게 사는 것이 훨씬 더 중요하다"라고 확실하게 말해주었다. 공부가 고통스럽고 자신을 더 불행하게 한다는 느낌이 들면 얼마든지 안 해도 된다고 강조하면서 말이다. 그랬더니 아이가 미심쩍은 얼굴로 되물었다. "시험인데도요? 공부 안 하면 시험 망치잖아요."

나는 진심으로 대답했다. "세상에는 공부보다 더 중요한 일이 얼마든지 있단다. 사람은 사고나 병으로 갑자기 죽기도 한다. 살아 있는 동안 하루하루를 충만하고 행복하게 사는 것이 중요하지, 미래를 위해 살지 마라. 오늘 하루에 집중하면서 최선을 다해 행복하게 살아야 한다. 만약 오늘 공부하는 것이 너를 더 불행하고 고통스럽게 한다면 그냥 마음껏 놀아라. 네 인생의 규칙은 네가 만드는 거야. 네 인생은 네 것이니까. 그러다가 혹시라도 마음이 불편해지면 공부를 좀 해봐도 좋다. 중요한 것은 마음 편하고 행복하게 하루하루를 살아가는 것이다."

그날부터 아이는 정말 공부를 완전히 접었다. 후배의 말에 따르면, 수업시간에 딴짓하는 건 물론 시험기간에도 게임을 하거나 만화책만 보며 놀았다고 한다. 얼마 뒤 아이를 만나 직접 들어보니, 문득문득 공부가 하고 싶어지기도 했지만 일부러 참았다고 했다.

아예 공부하지 않으면 어떻게 될지 한번 시험해보고 싶었다면서. 모르긴 몰라도 후배는 꽤나 애가 탔을 것이다. 하지만 나는 후배에게 그럴수록 오히려 '공부 안 하기'를 적극 격려해주라고 당부했다.

내가 아이에게 공부를 말렸던 이유는 하나다. 그래야 '공부는 해야만 하는 것'이라는 압박감과 강박에서 벗어날 수 있기 때문이다. 그렇지 않으면 공부를 다시 하게 되더라도 '공부는 해야만 하는 거니까 어쩔 수 없이 한다'는 느낌에 매몰되어, '공부는 내가 선택해서 스스로 하는 것'이라는 자율성의 느낌을 영영 갖지 못하게 될 우려가 있다.

결국 아이는 전혀 공부하지 않은 상태에서 중간고사를 치렀다. 나는 시험을 앞둔 아이에게 시험 볼 때만이라도 최선을 다해 문제를 풀어보라고 격려했다. 일종의 재미있는 게임처럼 모르는 건 찍기도 하면서, 아예 공부를 안 하면 시험이 얼마나 어렵게 느껴지는지도 경험해보라고 했다. 시험 결과, 성적은 당연히 떨어졌다. 상위권이던 성적이 중하위권으로 떨어졌던 것으로 기억한다. 나는 후배의 입을 빌려, 중학교 성적이 인생에서 그렇게 엄청난 의미를 갖는 건 아니라는 말을 전해주었다.

반전은 이때부터다. 아이는 한두 달 공부를 완전히 손에서 놓더니 그렇게 싫다던 공부에 관심을 보이기 시작했다. 공부하지 않는 상태가 오히려 더 지루하고 고통스럽게 느껴졌다고 한다. 공부를 안 하고 살아도 크게 달라지는 것이 없고 하늘이 두 쪽 나는 것도 아니라는 것을 깨달았기에 공부에 대한 두려움이나 혐오감에서 벗어날 수 있었다. '공부는 내가 하고 싶어서, 좋아서, 내가 선택해서 하는 것'이라는 생각을 아이 스스로 하게 된 것이다. 아이는 중학교 2학년 때부터 정말 즐겁고 신나게 자발적으로 공부하더니, 성적이 날로 향상되었다.

아이에게 '내가 원해서 공부하는 것이다'라는 생각을 확고히 심어주는 것이 중요하다. 학교에 다니고 있어서, 고등학생이라서 어쩔 수 없이 공부한다는 느낌이 아니라, 내 인생은 내가 사는 것이기에, 다른 누구를 위해서가 아니라 바로 나 자신을 위해, 내가 원해서 공부한다는 생각이 들게 해야 한다. 그래야만 자율성에 기반한 내재동기가 생겨날 수 있다. 이것이 '그릿'의 핵심 요소인 자기동기력의 원천이 된다.

사람은 뭐든 자기가 원해서 할 때 열심히 할 수 있고, 재미있게 할 수 있고, 따라서 잘할 수 있다. 아이에게 자기 삶과 관련된 중요한 의사결정은 스스로 내려야 한다는 사실을 알려주자. 마음대로 살라고 자유방임하라는 뜻이 아니다. 스스로 의사결정을 할 기회를 많이 주라는 얘기다. 자율성을 주어야 아이는 어른스럽게 행동한다. 부모가 모든 것을 일일이 간섭하고 타율적으로 키운다면, 아이는 혼자 일어설 수 있는 마음근력을 영원히 지니지 못할 수도 있다.

동기부여와 '도파민'의 보상체계

물론 동기 유발이 말처럼 쉬운 것은 아니다. '그래, 이제부터 열심히 해야겠어!', '즐겁게 일해야지!' 하며 의지를 다진다고 하루아침에 동기가 생겨나진 않는다. 하지만 분명 어떤 일을 열심히 하게 하는 동기 유발의 기본 메커니즘은 존재한다. 그 핵심은 바로 우리 뇌 깊은 곳에서 분비되는 '도파민'이다. 지난 수십 년간 도파민의 역할과 작동방식에 관한 연구를 선도해온 볼프람 슐츠에 따르면, 감정의 중추인 변연계에서 도파민과 관련된 보상체계는 특정 행복 패턴을 학습하고 기억하는 과정에서 핵심적인 역할을 담당한다.[78]

도파민의 동기 유발 작용은 수많은 실험을 통해 입증되었다. 인간의 뇌에 함부로 전극을 집어넣고 뉴런의 활성화나 신경전달물질의 분비를 측정할 수는 없는 노릇이니, 주로 원숭이나 쥐 등을 대상으로 실험이 이루어졌다. 인간과 마찬가지로 원숭이의 뇌에도 동기 유발과 관련된 보상체계가 있으며, 인간과 매우 유사한 도파민 시스템을 갖고 있다.[79]

원숭이에게 갑자기 주스를 주면 원숭이 뇌의 보상체계에서는 도파민이 마구 분출된다. 이때 원숭이는 짜릿한 쾌감을 느낀다. 주스를 보고 횡재했다고 좋아하는 것이다. 다음 단계의 실험에서는 주스를 주기 전에 일정한 신호(벨소리나 빨간 불)를 보낸 후 약 10초쯤 있다가 주스를 주는 행동을 반복한다. 유명한 '파블로프의 개' 실험과 동일한 원리다. 이러한 조건화를 반복하면 일정 시간이 흐른 후에는 벨소리가 들리거나 빨간 불이 켜지기만 해도, 원숭이의 뇌에서는 '도파민'이 마구 분비되기 시작했다. 기대로 인해 뇌가 짜릿한 활력을 얻는 것이다.

희망, 꿈, 이런 것들로 가슴이 마구 뛸 때, 우리의 뇌에서는 도파민이 마구 분출되고 있다고 보면 된다. 재미있는 것은 벨소리나 빨간 불로 주스가 곧 주어질 거라는 신호를 주면 도파민이 급격히 분비되지만, 잠시 후 주스를 주면 도파민의 레벨이 급격히 감소한다는 사실이다. 예상치 못했는데 갑자기 먹이가 주어지면 뇌가 짜릿한 쾌감을 느끼지만, 이미 예상했던 먹이에는 별다른 쾌감을 느끼지 못하는 것이다. 그래서 우리의 뇌는 선물이든 이벤트든 예상치 못했을 때 훨씬 더 짜릿한 즐거움을 느낀다.

실험은 다음 단계로 넘어간다. 이제는 벨소리가 울리거나 빨간 불이 켜져도 저절로 주스가 나오지 않는다. 신호가 주어진 후 스위치를 10번 이상 눌러야 주스가 나오게 했다. 한참 시간이 흐르고 나면 그제야 원숭이는 벨소리가 나거나 빨간 불이 들어온 후 스위치를 10번 이상 열심히 눌러야 주스가 나온다는 사실을 알게 된다. 신호를 받고 일정한 노력을 해야만 보상이 주어지는 시스템인 셈이다.

이러한 상황에서도 벨소리가 나면 일단 원숭이의 뇌에서 도파민 레벨은 올라간다. 그 상태에서 원숭이는 먹을 것을 얻기 위해 스위치를 열심히 눌러댄다. 이렇게 열심히 노력하는 동안에도 뇌의 도파민 레벨은 계속 높아져 있다. 마침내 먹을 것이 주어지면 도파민 레벨은 급격히 낮아진다. 다시 말해 원숭이로 하여금 열심히 노력하게 하는 것은 도파민이다. 한편 유전자 조작으로 도파민 수용체를 둔감하게 만들면(즉 뇌가 도파민에 반응하지 않게 되면), 원숭이는 벨소리가 나도 더 이상 스위치를 누르지 않는다. 노력할 수 있는 능력이 사라진 무기력하고 힘 빠진 상태가 되고 마는 것이다.

이 실험에서 의미심장한 점은 처음 먹이가 주어졌을 때 원숭이의 뇌는 도파민에 의해 짜릿한 쾌감을 느낀다는 것이다. 그런데 일정한 신호 후에 먹이가 주어질 것이라는 사실을 알게 되면, 먹이가 주어지기 전부터 이미 원숭이의 뇌는 행복해지기 시작한다. 이는 행복을 느껴야만 노력할 수 있는 힘이 생긴다는 사실을 의미한다.

그동안 대부분의 도파민 관련 연구들은 대개 원숭이나 쥐를 사용해왔다. 그런데 뇌 영상학 분야를 선도하는 유니버시티칼리지 런던(UCL)의 레이 돌런 교수팀은, 인간의 도파민도 그동안 동물실험을 통해 밝혀진 도파민의 역할이나 작동방식과 일치한다는 사실을 발견했다.[80] 인간의 뇌에서도 원숭이 뇌와 같은 부위에서 똑같은 신경전달물질인 도파민이 분비된다. 갑자기 횡재를 하거나 예기치 않은 행운이 찾아오면, 우리의 뇌는 짜릿한 쾌감을 느낀다. 놀라운 사실은 어떤 행운이나 즐거운 일이 벌어지지 않아도, 그저 예견하는 것만으로도 우리의 뇌가 행복해진다는 것이다. 이러한 행복감 또는 미래에 대한 희망이야말로 노력을 불러일으키는 원동력이다. 우리는 무언가 희망이 보이고, 신바람이 나고, 뇌가 짜릿함을 느껴야만 목표를 향해 열심히 달려갈 에너지를 얻을 수 있다.

학생이 즐겁게 열심히 공부하기 위해서는 이처럼 조건반응적인 '마음의 습관'이 필요하다. 내가 공부를 열심히 하면 성적이 오를 거라는 '예견'만으로도 기분이 좋아져야 한다. 좋은 점수는 마치 원숭이가 곧 마시게 될 달콤한 주스처럼 짜릿한 즐거움으로 느껴진다. 이를 위해서는 어려서부터 '공부=즐거운 일'이라는 느낌을 계속 키워가야 한다. 공부나 시험과 관련된 좋은 기억을 자꾸 만들어가고 강화해야 한다.

반대로 공부만 생각하면 자동적으로 엄마의 슬픈 얼굴이나 아빠의 화난 얼굴이 먼저 떠오르는 학생은 동기부여가 되기 힘들다. 공부나 시험을 생각하면 두려움과 짜증과 분노가 먼저 유발되는 학생의 뇌에서는, 도파민의 보상체계가 아니라 편도체를 중심으로 스트레스 반응이 활성화된다. 애초 공부라는 행위를 열심히 집중해서 할 수 있는 에너지가 생기지 않는 것이다.

집중력을 발휘해 열심히 공부하는 것은 굳은 결심이나 인내만으로 되지 않는다. 에너지원인 연료가 떨어진 차를 강한 의지만으로 몰 수 있겠는가? 오랫동안 먹지 못해 허기진 사람에게 의지를 발휘해 마라톤을 뛰라고 할 수는 없는 노릇이다. 우선 기본적으로 움직일 수 있는 마음의 에너지원을 공급해줘야 한다. 미래에 이룰 성취를 생생하게 상상하여 짜릿한 행복감을 느끼는 동시에, 현실적인 장애물을 하나하나 극복해갈 수 있는 힘을 갖춰야만 한다. 그래야만 자신이 세운 목표를 성취했을 때 느낄 짜릿한 쾌감을 생생하게 떠올리는 힘인 자기동기력을 갖게 된다. 그렇지 못하는 아이는 도파민이 분비되지 않을 것이고, 학습능력도 발휘하지 못할 것이다.[81]

미래가 불확실할수록 동기는 강해진다

좋은 점수를 받을 거라는 즐거운 상상을 했다고 가정해보자. 이때 성적이 오를 거라는 확신이 100% 든다면 동기도 더욱 강해질까? 다시 원숭이 실험 이야기로 돌아가보자. 먹이가 나올 거라는 신호가 주어지면, 원숭이는 뇌의 도파민 레벨이 올라가면서 열심히 레버를 누른다. 레버를 10번 눌러 10번 모두 먹이가 주어지면, 즉 100%의 확률로 먹이가 나오면 원숭이는 레버를 열심히 누르면서 먹이가 나올 거라는 확신을 느낀다.

또 다른 실험에서는 레버를 10번 이상 누르면 항상 먹이를 주지 않고, 50%의 확률로 먹이를 주었다. 그러니까 신호가 나온 후 레버를 눌러도 항상 먹이가 나오는 것이 아니라, 나올 때도 있고 안 나올 때도 있게끔 절반 정도의 확률로 조정한 것이다. 이러한 상황이 계속되면 원숭이는 레버를 열심히 누르는 순간에도 과연 먹이가 나올까 하는 의구심을 품게 된다.

먹이가 나올 확률이 약 50%밖에 안 되는 상황에서 과연 원숭이 뇌는 어떻게 반응할까? 놀랍게도 먹이가 항상 나올 때보다 확률이 절반으로 줄어들 때, 도파민 관련 뉴런들이 훨씬 더 격렬하게 반응했다. 즉 보상이 주어질지 아닐지 확실하지 않은 상태에서 더 강한 동기가 유발되는 것이다. 보상이 주어질 확률이 50% 정도일 때 뇌는 가장 짜릿함을 느끼며, 그 확률이 25%로 감소하거나 75%로 증가하는 경우 모두 도파민 관련 뇌 활동은 감소했다. 100% 주어지거나 0% 확률일 때 도파민 레벨은 가장 낮았다.[82]

이러한 결과는 어떠한 목표를 달성하기 위해 노력하는 과정에서 열심히 해도 목표 달성을 100% 확신할 수 없을 때, 역설적으로 더 강한 멘털 에너지가 생겨나고 더 큰 동기부여가 될 수 있음을 암시한다. 사실 아무리 열심히 공부한다고 해도 성적이 잘 나오리라 보장할 수는 없는 법이다. 아무리 충실히 준비해도 시험에는 항상 내가 모르는 것, 내가 미처 공부하지 못한 것이 출제될 가능성이 있다. 혹은 시험을 보다 실수할 수도 있고, 문제 자체가 좀 이상하거나 정답이 애매한 경우도 있을 수 있다. 아무리 열심히 공부해도 억울하게 틀릴 수 있는 것이다. 게다가 시험을 잘 봤다고 해도 나보다 더 잘 본 친구들이 얼마든지 있을 수 있다.

이러한 상황에서 많은 학생은 좌절감과 스트레스를 느낄 것이다. 그러나 놀랍게도 우리의 뇌는 더 많은 도파민을 뿜어내면서 더 열심히 노력할 준비를 한다. 공부를 열심히 하면 꼭 그만큼의 보상을 받아야 한다고 생각하는 대신, 이러한 불확실성을 즐길 수 있는 마음의 습관을 들이자. 다시 한번 말하지만 불확실성 자체가 스트레스를 유발하지는 않는다. 다만 불확실성에 대한 부정적 정서 반응이 스트레스를 유발할 뿐이다. '불확실성=스트레스'라는 등식은 적어도 동기부여와 관련해서는 통하지 않는다. 열심히 공부해도 성적이 오를지 말지 모르는 상황이 오히려 게임과 같은 짜릿한 즐거움을 선사한다.

동시에 성적이 안 오른다 해도 그것이 나의 존재 가치나 내 삶의 의미와 직접적인 관계가 있는 것은 아님을 알려줘야 한다. 설령 성적이 뜻대로 나오지 않아도 자신에 대한 존중심과 자기가치감이 손상되지 않는다면 아이는 그릿을 키워갈 것이고 점점 더 강력한 성취역량을 발휘하게 될 것이다.

자기동기력의 비밀, 격차 인식과 실천 의도(MCII)

이제 일상생활에서 자기동기력을 키우려면 구체적으로 어떠한 노력을 해야 하는지를 살펴보자. 심리학자 가브리엘 외팅겐에 따르면, 높은 수준의 자기동기력으로 뛰어난 성취를 이루는 사람들의 특징은 크게 두 가지다. 첫째, 원하는 미래와 현실 간의 격차를 정확하게 인식한다. 둘째, 이 차이를 극복하기 위해 구체적인 실천을 의도적으로 해나간다. 외팅겐은 이를 '격차 인식과 실천 의도(Mental Contrasting with Implementation Intentions, MCII)'라고 불렀다.[83] 격차 인식과 실천 의도의 결합이야말로 자기동기력을 습관화하는 가장 효과적인 방법이다.

외팅겐은 뛰어난 성취를 이룬 사람들은 낙천주의자도 아니요, 비관주의자도 아니라고 말한다. 우선 비관주의자는 성취를 잘 이루지 못한다. 그들은 자신이 원하는 것을 얻기 위해 겪어야 하는 온갖 현실적인 어려움과 난관을 먼저 떠올린다. 어찌 보면 매우 현실적이지만, 그 현실적인 어려움에 지나치게 집착하는 탓에 선뜻 용기 내어 무언가를 시작하지 못한다. 예컨대 수학 성적을 대폭 올리고 싶다는 생각이 들자마자, 그러려면 어려운 문제집도 풀어야 하고 하기 싫은 수학 공부를 많이 해야 한다는 부정적인 생각부터 하는 학생이 이에 해당한다. 수학 실력이 부족하니 어려운 문제에 막혀 좌절할 것이 두렵기도 하고, 공부하다 말고 어느새 게임을 하고 있는 자신의 모습부터 떠올리는 것이다. 이처럼 현실적인 어려움에 우선 집중하는 비관주의자는 뛰어난 성취를 이루기 힘들다.

반면 낙천주의자는 성공적인 미래를 꿈꾸며 살아간다. 이들은 자신이 원하는 것을 이뤘을 때 얼마나 행복할지를 생생히 그려본다. 또한 이들은 동기부여 수준도 상당히 높고, 자신이 하고자 하는 일에 쉽게 몰입한다. 그러나 밝은 미래를 확신하는 낙천주의자 역시 의외로 구체적인 성취를 이루는 경우가 드물다. 내년에는 꼭 성적을 올리겠다는 목표를 세운 후 “나는 할 수 있다!”라고 외치면서, 열정적인 동기부여를 했다고 자신하며 공부에 몰입하는 학생이 실제로는 성적이 그리 오르지 않는 것을 본 적이 있을 것이다. 낙천주의자는 꿈을 꿀 줄 알며 스스로에게 동기를 부여할 수는 있으나, 이를 위해 한 걸음씩 구체적인 실천을 행동으로 옮기는 데 어려움을 겪을 수 있다.

외팅겐 등의 연구에 따르면, 뛰어난 성취를 이루는 사람들은 자신이 원하는 미래와 자신이 처한 현실의 격차를 분명히 인식하고, 그 격차를 줄이기 위해 집중하는 습관을 갖고 있었다. 이들은 자신이 원하는 바를 이루었을 때의 긍정적인 결과를 생생하게 그리는 동시에, 목표를 이루기 위해 넘어서야 할 장애물과 어려움에 대해서도 분명하게 인식한다. 미래와 현실을 연결시켜 생각하는 마음의 습관은 강력한 동기부여의 원천이 된다.

‘격차 인식과 실천 의도(MCII)’의 1단계는 일단 목표를 이뤘을 때의 기분을 생생하게 상상해보는 것이다. 예컨대 수학이나 영어 성적을 대폭 올리는 데 성공한 자신의 모습과 기분을 생생히 상상해보자. 이러한 긍정적인 예견을 할 때 뇌에서는 도파민이 분비되고, 노력할 수 있는 열정과 에너지가 생겨난다.

2단계는 그러한 목표를 이루기 위해 현실적으로 해야 할 일, 어렵고 힘든 과정, 참아내야 할 일이 무엇인지 단계별로 생각해보는 것이다. 그리고 이러한 꿈과 현실 사이의 격차를 분명히 인식한 후에 그 격차를 줄이기 위해 해야 할 일의 목록을 작성한다.

3단계는 이러한 목록을 바탕으로 구체적인 실행 계획을 세운다. 특히 자신만의 특정한 행동규칙을 만들어서, 일상생활에서 이러한 실행 계획의 상당 부분을 습관적으로 실천할 수 있도록 한다.

4단계는 꾸준한 실천이다. 매일매일 공부에 대한 즐거움이나 성취감을 느끼는 행위는 도파민 분비에 도움이 된다. 그러려면 스스로 세운 계획을 얼마나 지켰는지 매일 확인하면서 뿌듯함을 만끽하는 것이 바람직하다. 자신의 일에 대한 긍정적인 피드백을 통해 뇌가 즐거운 보상감을 맛볼 수 있도록 해주는 것이다. 이를 위해서는 월별, 주별 계획뿐 아니라 일별 계획도 세워야 한다. 하루에 나가야 할 진도나 학습량을 미리 계획서에 구체적으로 적어놓고, 잠자리에 들기 전에는 그날 지킨 계획을 줄을 그으며 지워보자. 일차적으로 계획을 달성했다는 사실에서 기쁨을 느끼면, 공부하는 과정 자체를 즐길 수 있게 된다. 그래야 공부에 대한 열정이 싹트고 자라난다.

'격차 인식과 실천 의도'를 발휘하기 위해서는 구체적인 학습계획이 반드시 필요하다. 열정이나 동기부여는 결코 한순간의 굳은 결심이나 단호한 의지만으로 얻을 수 없다는 점을 명심하자. 아이가 어려서부터 자발적으로 학업계획을 세우고 실천하도록 유도해야 한다. 내 손으로 세운 계획이어야 '내 일'이라는 생각이 들고, '내 일'을 하나하나 해나갈 때 '내 인생'을 산다는 느낌이 든다. 이래야 자율성에 기반한 자기동기력이 자라날 수 있다.

Growing through
Relatedness,
Intrinsic motivation &
Tenacity

6장

'시험 잘 보는 능력'도 길러야 한다

시험에도 그릿은 필요하다

지금까지 살펴본 자기조절력과 자기동기력은 곧 '노력하는 능력'이다. 공부를 잘하기 위해서는 '시험 잘 보는 능력'도 필요하다. '노력하는 능력'은 주로 전전두피질을 중심으로 한 신경망을 기반으로 한다. 한편 '시험 잘 보는 능력'은 주로 편도체 안정화와 관련이 있다. 시험지만 받아들면 지나치게 긴장하거나 문제를 풀면서 자꾸 엉뚱한 실수를 저지르거나 하는 것은 모두 시험불안증의 증상으로, 편도체의 지나친 활성화 때문에 생기는 일이다. 편도체가 활성화되면 전전두피질의 기능을 저하시켜 특히 문제풀이 능력이나 집중력을 대폭 약화한다. 시험이라는 긴장되고 제한된 시간 안에 그동안 공부했던 내용을 효율적으로 인출하고 정확한 판단을 내리려면, 편안전활의 습관이 반드시 필요하다.

시험은 공부를 얼마나 많이 했나, 몇 시간이나 했나, 진도를 얼마나 나갔나를 재는 일이 아니라, 문제를 얼마나 풀어낼 수 있는지를 측정하는 일이다. 따라서 시험을 제대로 준비하려면 두 종류의 노력이 필요하다. 첫째는 일반적으로 말하는 공부, 즉 아는 것을 늘리려는 노력이다. 둘째는 당일 컨디션 향상과 시험을 잘 보는 훈련, 즉 아는 것을 실제로 활용하기 위한 노력이다. 투입(노력) 측면과 산출(문제풀이) 측면을 모두 잘 관리해야 성적을 올릴 수 있다.

그릿은 긴장된 시험의 순간에 침착하고 차분하게 평정심을 유지하며 실력을 발휘할 수 있는 힘을 가져다준다. 그릿으로 인해 열정과 집념이 활활 타오르는 사람은 시험에 대한 두려움이 없다. 반면 수동적으로, 강압에 의해서, 하기 싫은 공부를 마지못해 하는 아이는 시험을 두려워하게 마련이다. 스스로 즐거워서가 아니라 부모에 대한 의무감 때문에 공부하는 아이에게 시험은 두려운 존재가 된다. 시험이라는 괴물 앞에서 한없이 나약하고, 작아지고, 위축된다. 많은 학생이 능력이 부족해서가 아니라 그릿이 부족해서 실력 발휘를 제대로 하지 못한다.

대한민국 사회에서 학생이 '공부를 잘한다'는 것은 공부를 많이 한다는 뜻이 아니라, 시험을 잘 본다는 의미다. 공부를 아무리 많이 했더라도, 아무리 이해력과 기억력이 뛰어나다고 해도, 아무리 성실하게 노력한다 해도, 시험에 나올 내용을 모두 줄줄 꿰고 있다 해도, 정작 시험을 잘 못 본다면 그 학생은 결코 공부를 잘하는 것이 아니다. 그럼에도 불구하고 대부분의 부모나 교사는 학생들에게 '투입'만을 강조한다. 어떻게 하면 더 많은 내용을 머릿속에 집어넣을 수 있느냐에만 집중한다. 학습서와 공부법에 관한 책 역시 일정한 내용을 어떻게 머릿속에 잘 집어넣느냐에 관한 것이 대부분이다.

우리 사회에는 엄청나게 많은 대입 재수생이 존재한다. 대부분의 재수생이 시험에서 실력을 제대로 발휘하지 못했다고 믿고 다시 도전을 한다. 시험 성적보다 실제 실력이 더 높다고 믿기에, 즉 눈앞의 결과를 받아들이기가 너무 억울해서 재수도 하고 반수도 하는 것이다. 그러고는 재수하는 동안 다시 시험 공부만 열심히 한다. 죽어라고 '투입'만 하는 것이다. 안타까운 일이다. 실력 발휘를 제대로 못해서 시험을 망쳤으면, 이제 시험 잘 보는 훈련도 해야 하지 않을까?

시험을 잘 보기 위해서는 첫째, 시험불안증을 없애야 한다. 시험에 대한 불안감과 공포심은 누구나 갖고 있다. 그러한 불안감이 적당한 긴장감을 주고 더 높은 역량을 발휘하게 하는 원동력이 된다면 아무런 문제가 없다. 그러나 불안감 때문에 제대로 실력 발휘를 못한다면 우선 시험불안증부터 완전히 해결해야 한다. 시험불안증은 방치할 경우 점점 더 크게, 더 자주, 습관적으로 일어날 우려가 있기 때문이다. 가령 수능 당일에 하나도 떨지 않고 문제에만 집중할 수 있을 정도의 평정심이 필요한데, 이를 위해서는 시험에 대한 자기조절력을 키워야 한다.

막상 시험지를 받으면 잘 생각이 안 난다든지 너무 긴장하거나 덜렁대서 자꾸 실수한다든지, 시험 보는 도중 온갖 잡념이 떠올라서 집중이 안 된다든지 하는 것은 모두 자기조절력이 부족하기 때문이다. 시험 보는 동안에는 편도체의 작용을 최대한 억제하여 감정 유발을 줄이고, 전전두피질의 이성적 기능과 장기기억 인출 기능을 강화해야 한다. 이처럼 '잡념'을 평정심으로 바꾸는 것이 그릿의 자기조절력이다. 또한 시험불안증이 해소되었다고 해서 저절로 실수가 줄어드는 것은 아니다. 시험에서 자주 저지르는 실수의 유형을 파악한 후에 그에 맞는 실수 줄이기 훈련을 해야 한다. 아울러 시험에 대한 자기조절력을 키우려면 시험 자체에 대한 관점도 바꿀 필요가 있다.

둘째, 긍정적 정서 유발 습관을 들여야 한다. 그래야 문제해결 능력이 향상된다. 시험 직전에 긍정적 정서를 끌어내는 습관은 매우 중요하며, 일상생활에서도 꾸준히 긍정적 정서를 키우는 훈련을 해두어야 한다. 이를 위해서는 자기동기력을 향상시켜서 시험 자체에 대한 내재동기와 열정을 키울 필요가 있다.

셋째, 아울러 어려서부터 소통능력을 높여야 한다. 다른 사람의 입장을 헤아리는 역지사지 능력을 키워야 출제자와의 소통이 가능해지기 때문이다. 문제를 푸는 순간에는 출제자의 의도를 파악해야 시험 문제를 더 잘 풀 수 있다. 타인의 입장을 헤아리는 역지사지의 능력은 긍정적 정서를 느낄 때 더욱더 강화된다. 곧 긍정적 정서 강화는 소통능력 향상이라는 측면에서도 시험을 잘 보는 데 큰 도움이 된다. 지금부터 이 세 가지 방법에 대해 하나씩 자세히 살펴보도록 하자.

자기조절력으로 시험불안증 극복하기

정도의 차이는 있을지언정 시험불안증은 대부분의 아이들이 겪게 마련이다. 시험불안증은 그대로 방치할 경우 점점 증상이 심해질 수 있다. 다음은 시험불안증에 시달리던 한 중학생이 털어놓은 속내다. 아이의 마음을 직접 들어보자.

> 초등학교 때까지는 학교 성적에 그렇게 신경을 쓰지 않았는데, 중학교 때부터는 시험이 상당히 부담스럽게 느껴지기 시작했다. 선생님들에게 어떻게 보일지, 친구들에게 어떻게 보일지 상당히 신경이 쓰였다. 친구들과 성적과 공부에 대한 이야기를 하면서, 나도 시험을 잘 보고 싶다는 생각이 간절해졌다. 그래서 중학교 2학년 2학기 기말고사 때는 그 어느 때보다 열심히 공부했다.

첫 시험은 영어였다. 영어는 내가 특히 좋아하는 과목인 데다, 정말 열심히 공부했기 때문에 자신이 있었다. 수월하게 문제를 풀고 있었는데 갑자기 어려운 문제가 하나 나왔다. 반드시 100점을 받고 싶다는 생각에 그 문제를 놓고 한참을 생각하다 보니, 남은 시간이 겨우 15분이었다. 일단 지금까지 푼 문제만 답안지에 옮겨 적으려고 하는데, 손이 부들부들 떨리면서 차가워졌다. 떨리는 손으로 힘겹게 답을 옮겨 적은 후에 다음 문제를 풀기 시작했다. 아직도 풀 문제가 많이 남았다는 생각이 들자 점점 긴장만 되고 도무지 집중이 되지 않았다. 대충 답처럼 보이는 걸 고르고 다음 문제로 넘어가는데, 심장이 아주 빨리 뛰는 것을 느꼈다. 마치 심장 뛰는 소리가 들리는 것만 같았다. 마지막 객관식 문제는 아무거나 찍다시피 하고 주관식 문제로 넘어갔는데 갑자기 눈앞이 캄캄해졌다. 주관식은 찍을 수도 없다는 생각이 문득 들었기 때문이다. 곧이어 스피커에서 시험 종료 5분 전을 알리는 방송이 흘러나왔고, 눈물이 핑 돌았다. 그리고 머릿속에 이런저런 생각이 떠돌기 시작했다.

이 주관식 시험지를 백지로 내면 어떻게 될까? 선생님이 채점하면서 날 어떻게 생각하실까? 왜 이번에는 백지로 냈느냐고 추궁하시진 않을까? 내가 공부를 안 했다고, 몰라서 백지를 냈다고 생각하시겠지? 친구들은 뭐라고 할까?

시간만 있다면 내 실력으로 다 풀 수 있을 것 같은데, 갑자기 너무 억울해서 눈물이 났다. 시간이 모자라서 못 풀었다고 하면 다들 나를 얼마나 멍청한 아이로 볼까? 수업도 정말 집중해서 들었는데, 선생님은 뭐라고 할까? 부모님은 얼마나 실망하실까? 엄마 얼굴이 떠올라 울음을 참을 수 없었다. 간신히 첫 번째 주관식 문제를 풀고, 두 번째와 세 번째 문제를 일단 빠르게 읽고 둘 중에 뭐가 쉬울지, 뭐가 배점이 높은지 잠깐 고민하다 세 번째 문제부터 풀고 네 번째 문제를 풀려는 순간 종이 울렸다.

너무 우울해져서 쉬는 시간인데도 다음 과목을 공부할 기분이 나지 않았다. 다음 시험은 과학이었다. 이번에는 시간이 부족하지는 않았지만 영어시험에서 느꼈던 기분이 자꾸 생각나서 집중하기 힘들었다. 시험이 다 끝나고 그날 본 과목을 채점하니 생각보다 훨씬 많이 틀린 상태였다. 다음날도, 또 다음날도 시험이었지만 자꾸만 영어시험을 완전히 망친 것이 떠올랐고 주관식 10점짜리를 읽지도 못하고 그냥 틀렸다는 생각이 계속 나를 괴롭혔다.

그날 이후 시험을 볼 때마다 너무 불안했다. 확실히 실수가 늘었고, 심지어는 '적절한'을 '적절하지 않은'으로 읽는 등 문제를 잘못 읽어서 틀리기까지 했다. 왜 나는 시간 조절도 못하는지 너무 괴로웠다. 열심히 공부할 힘이 안 났다. 내가 너무 바보 같았다. 이걸 어떻게 해결해야 할지 정말 모르겠다. 앞으로 나는 어떻게 해야 할까?

이렇게 시험불안증을 겪는 아이가 생각보다 꽤 많다. 시험불안증의 가장 큰 문제는 아는 문제도 틀렸다는 자괴감을 느끼게 되고 나아가 자기가치감마저 훼손시킨다는 것이다. 더 심하면 '과연 공부를 열심히 한다고 시험을 잘 볼 수 있을까?' 하는 회의감마저 불러일으켜 학교 생활 자체를 어렵게 한다. 자기 자신에 대한 이런 부정적 감정은 편도체를 더욱더 활성화하는 기제로 작동한다.

하지만 시험불안증은 얼마든지 고칠 수 있다. 중학교 시절 시험불안증에 시달렸던 이 학생은 고등학생이 되면서 시험불안증을 완전히 극복했다. 실제로 수능시험 당일에도 하나도 떨지 않고 즐거운 마음으로 시험장에 갔으며, 시험 보는 내내 행복한 마음으로 문제에만 집중할 수 있었다고 한다. 특히 수학시험에는 아주 어려운 문제가 하나 출제되어서 그 문제를 푸는 데 30분 가까이 걸렸는데도, 전혀 당황하지 않고 침착하게 끝까지 집중력을 발휘해서 결국 수학도 만점을 받을 수 있었다고 한다. 이 학생은 과연 어떻게 시험불안증을 극복할 수 있었을까?

시험불안증은 왜 생겨나는가

교육학에서는 주변의 다른 사람보다 더 잘하려는 목표를 '수행목표'라고 하고, 과거의 나보다 주어진 과제를 좀 더 잘하려는 목표를

'숙달목표'라고 한다. 수행목표에 집착할수록 자기조절력이 떨어지고 시험에 대한 긴장감과 불안감이 더 높아질 수밖에 없다. 수행목표는 기본적으로 타인이 나를 어떻게 평가하는지에 연연할 때 생겨난다. 보통 관계적 불안감이 높을수록 수행목표를 더 추구하게 마련이다.

어려서부터 관계적 불안감이 높은 아이일수록 타인의 시선에 지나치게 민감하게 반응하게 되고, 타인으로부터 좋은 평가를 받기 위해, 즉 주변 사람들로부터 사랑과 존경을 받기 위해 수행목표에 집착한다. 과제 중심적으로, 즉 공부 자체에 재미를 느끼면서 과제에 집중하려면 기본적인 인간관계에서 안정성을 느껴야 한다. 부모를 포함한 주변 사람들과의 인간관계에서 안정감을 느낄수록 시험불안증은 낮아진다. 게다가 관계적 안정감을 느낄수록 대인관계력은 향상되고 전전두피질의 기능은 한층 강화되어, 불안감의 원인인 편도체의 활성화를 적절히 통제할 수 있게 된다.

내신 성적이 대학입시에서 차지하는 비중은 막대하다. 내신 성적을 대학입시의 중요한 요소로 도입했을 때 얻을 수 있는 장점은 많다. 그러나 결정적인 문제는 내신 성적이 상대평가라는 것이다. 결국 내신 성적이란 같은 학교를 다니는 친구들과 비교해 몇 등을 하는지로 결정된다. 내가 아무리 시험을 잘 봐도 나보다 더 잘 본 친구가 많다면 내 등수는 떨어진다. 내신이라는 제도가 학생들에게 등수, 즉 수행목표에 집착하도록 만드는 셈이다.

등수를 올리고자 하는 목표는 아이들에게 무한한 스트레스를 가져다준다. 따라서 아무리 내신이 중요하다고 해도, 결코 '등수 올리기' 자체를 목표로 삼아서는 안 된다. 이번에는 50등을 했지만 다음 시험에는 꼭 20등 안에 들겠다거나, 이번에는 4등을 했으니 다음에는 꼭 1등을 하겠다는 식의 수행목표는 매우 위험하다. 엄청난 스트레스는 물론이거니와 시험불안증까지 유발할 우려가 있기 때문이다. 그보다는 차라리 점수 향상을 목표로 삼는 것이 바람직하다. 이번 시험에 80점을 받았다면, 다음에는 90점 혹은 100점을 목표로 삼아야 한다.

스포츠 역시 별반 다르지 않다. 경기 중 점수에 집착하거나 승리를 목표로 삼아서는 제대로 실력을 발휘하기 힘들다. 오히려 연습할 때는 승리를 목표로 삼는 것도 필요하다. 그러나 일단 시합이 시작되면 승부나 점수는 잊고 공에만 집중해야 한다. 뛰어난 축구선수라면 경기를 하면서 '지금 내가 공격에 성공하면 우리 팀이 승리한다. 지금 내가 수비에 실패하면 우리 팀이 실점한다. 그렇게 된다면 팬들과 감독님이 뭐라고 할까? 내 연봉은 어떻게 될까?' 등을 생각해서는 안 된다. 그저 공에만 집중해야 한다. 이 공을 잘 차느냐 혹은 잘 던지느냐에 따른 결과를 생각하지 말고 오직 공에만 집중해야 한다.

시험도 마찬가지다. 일단 시험지를 받으면 문제에만 집중해야 한다. 몇 점을 받을지, 몇 등급을 받을지, 몇 개 틀리면 어떻게 될지,

부모님이나 담임선생님 혹은 친구들이 뭐라고 할지, 나는 어느 대학에 갈 수 있을지를 생각해선 안 된다. 가장 위험한 생각은 시험 보는 동안 '만약 이 문제를 못 풀면 나는 원하는 대학에 못 갈 수도 있다!'는 것이다. 그 순간 시험불안증은 엄청나게 심해질 것이다. '시험을 망치면 부모님이나 선생님이나 친구들이 날 어떻게 바라볼까!' 하고 생각하는 순간, 시험을 망칠 가능성은 높아진다.

시험불안증의 근본 원인은 이처럼 '타인의 시선'에 너무 민감하게 반응하는 데 있다. 그런데 재미있는 것은 타인의 시선은 실제로 존재하는 게 아니라 그 시선을 느끼는 사람의 머릿속에만 존재한다는 사실이다. 이것을 빨리 깨달아야 한다. 시험불안증뿐 아니라 인정중독을 포함한 다른 온갖 종류의 불안증도 자기 마음속에만 있는 상상 속 타인의 시선에 대해 과도하게 민감해지기 때문에 생겨난다. 대표적인 것이 소통불안이다. 시험불안이든 소통불안이든 타인의 시선에 대해 둔감해지는 노력을 계속해야 개선될 수 있다. 특히 나를 불안하게 하는 타인의 시선은 내 머릿속에만 존재한다는 것을 계속 스스로에게 이야기해주어야 한다. 나아가 평소 주변 사람들과 늘 친밀함을 느낄 수 있도록 좋은 관계를 유지하는 것도 불안증 완화에 큰 도움이 된다. 앞에서 살펴본 바와 같이 원만한 대인관계는 자기조절력을 향상시켜 시험 문제에만 집중하는 데 도움이 된다.

기억 인출을 방해하는 시험불안증

시험불안증은 신체적 현상을 동반한다. 심장이 뛰고, 식은땀이 흐르고, 호흡이 가빠진다. 편도체가 매우 활성화되고, 혈중 스트레스 호르몬 수치가 올라가고, 전전두피질의 기능이 변연계에 지배당하는 상태다. 시험 문제를 풀어야 할 전전두피질이 편도체에 압도당하니, 집중력도 떨어지고 판단력도 흐려져서 문제풀이 능력이 저하될 수밖에 없다. 이런 상태에서는 기억에 장애가 와서 장기기억 인출마저 잘되지 않는다. 쉬운 말로 하면 아는 것도 생각이 안 난다.

'쿠싱증후군'이라는 병이 있다. 일종의 암인데 스트레스 호르몬 분비 시스템에 교란이 일어나 체내 스트레스 호르몬이 과도하게 높아지는 병이다. 이 병에 걸리면 학습능력과 기억능력에 치명적인 장애가 생긴다.[84] 특히 이미 배운 것을 다시 회상하는 장기기억 인출 기능에 이상이 생기는 것으로 나타났다. 스트레스와 기억력 사이에 깊은 연관성이 있다는 것을 알 수 있다.

혹시 쿠싱증후군이라는 병 자체가 기억력을 약화하는 것 아니냐고 의문을 가질 수도 있을 것이다. 이런 의문에 답하려면 통제된 실험이 필요하다. 동일한 사람에게 스트레스 호르몬을 높이기 전과 높인 후의 기억력을 비교해보면 확실할 것이다. 스트레스 호르몬을 투여하는 실험이 가능하냐고? 물론 일반인에게는 스트레스 호르몬을 투여하기 곤란하다. 하지만 자가면역 질환 환자 중에는 스트레스 호르몬을 투여해야 하는 경우도 있다. 자가면역 질환은 체내 면역 시스템이 스스로를 공격하는 것이다. 대표적인 것이 류머티즘이나 루푸스 같은 질환인데, 이러한 과잉 자가면역 반응을 낮추는 방법 중 하나가 바로 스트레스 호르몬을 투여하는 것이다.

스트레스 호르몬은 면역 시스템을 약화한다. 스트레스를 받는 수험생이 쉽게 감기에 걸리거나 여기저기 자꾸 아픈 것도 바로 이 때문이다. 그런데 자가면역 질환 환자에게 면역력을 낮추기 위해 스트레스 호르몬을 다량 투여했더니 장기기억을 인출하는 기능에 이상이 생긴다는 사실이 밝혀졌다.[85] 통제된 실험을 통해서도 스트레스 호르몬이 기억력에 장애를 일으킨다는 점이 입증된 것이다.

시험 보는 동안 공부한 내용을 기억해내어 문제를 풀려면, 장기기억 인출이 필수적으로 요구된다. 체내의 스트레스 호르몬 수준이 높아져 기억력에 문제가 생기면 시험을 잘 볼 리 없다. 공부를 아무리 열심히 했더라도 정작 시험 볼 때 생각이 안 난다거나, 문제 푸는 방법이 기억나지 않는 것이다. 따라서 시험 보기 전에 스트레스 호르몬에 노출되지 않도록 하는 것이 중요하다. 즉 스트레스를 받지 않아야 한다! 스트레스를 받지 않아야 공부도 잘되고, 시험 볼 때 공부한 내용을 잘 '인출할' 수 있다. 이래저래 스트레스는 학업능력에도 시험능력에도 심각한 해악을 끼친다.

규칙적인 운동으로 자기조절력을 키워라

사람이 분노, 공포, 긴장 등 부정적 감정을 느낄 때는 일단 편도체가 작동한다. 그 신호가 자율신경계를 자극해 심장박동이 빨라지고 호흡이 가빠지고 혈관이 수축되고 혈압이 올라간다. 이러한 신체적 변화를 대뇌가 인지해 '아, 내가 지금 너무 긴장해 떨고 있구나' 혹은 '화가 났구나' 하고 깨닫게 된다. 즉 우리의 뇌는 감정을 직접 인지하는 것이 아니라, 신체적 변화를 통해 인지한다. 따라서 신체적 변화가 생기면 자연스럽게 정서도 바뀐다. 심호흡을 천천히 했더니 긴장이 풀린 경험이 있지 않은가? 신체적 리듬을 변화시키면 우리의 뇌는 그에 따른 정서적 변화를 인지하기 때문이다.

불안감이나 분노의 감정은 심장이 불규칙하게 작동할 때 유발된다. 심장에는 신경세포가 많이 분포되어 있고, 일종의 자그마한 뇌처럼 독자적으로 판단도 하고 기억도 하고 뇌에 신호도 보낸다. 즉 심장은 뇌의 신호를 받기만 하는 수동적인 기관이 아니라, 뇌와 신호를 주고받는 어느 정도 독자적인 신경기관이다. 신경기관으로서의 심장을 연구하는 신경심장학(neurocardiology)이라는 분야도 있다.[86]

정서적 안정을 유지하려면 우선 심장이 튼튼해야 한다. 심장이 약하면 불규칙한 신호를 뇌에 보내게 되고 부정적 정서, 불쾌감, 불안과 짜증을 느끼게 된다. 화가 나서 심장이 불규칙하게 빨리 뛰기도 하지만, 심장이 불규칙하게 뛰다 보니 기분이 나빠지거나 불안해지는 일도 매우 흔하다. '강심장'이란 말을 들어봤을 것이다. 웬만한 상황에서는 별로 긴장도 안 하고 떨지도 않는 사람을 일컫는 말이다. 강심장이란 말은 은유적 표현이 아니라 실제적 표현이다. 심장이 튼튼해서 안정적으로 작동해야 정서적으로도 안정될 수 있다. 이렇게 정서적으로 안정된 사람은 그릿의 수준도 높다.

이미 많은 연구들이 웬만한 불안증은 일주일에 3번 이상 1시간씩 땀 흘리는 유산소운동을 꾸준히 6개월만 하면 극복할 수 있다고 보고했다.[87] 규칙적인 유산소운동을 통한 심장기능 강화는, 긴장과 압박을 느끼는 상황에서도 차분함을 유지할 수 있도록 돕는다.[88] 뿐만 아니라 유산소운동 자체가 뇌에 신선한 혈액을 공급해 긍정적 정서를 일으킨다는 연구도 많다.[89] 매일 유산소운동을 조금씩 하면 기억력과 학습능력이 향상된다는 연구도 상당히 많다.[90] 실제 운동을 꾸준히 하면 그릿의 핵심 요소인 자기조절력이 향상된다는 연구결과도 있다.[91] 이렇게 향상된 자기조절력은 수학에 대한 불안증마저 해소해준다.[92] 이래저래 시험불안증을 극복하는 데 가장 좋은 방법은 꾸준한 운동인 것이다. 운동과 더불어 명상을 병행하면 더욱 효과적이다. 명상은 자기조절력을 높이고 집중력과 학습력을 높여줄 뿐 아니라 시험불안증에도 큰 효과가 있다는 사실이 많은 연구를 통해 입증되었다.[93]

땀을 흘리는 규칙적인 운동이야말로 시험불안증을 완화하는 가장 효과적인 방법이다. 특히 시험불안증에 시달리는 아이라면 한 달간이라도 존2 운동을 꼭 해보기 바란다. 존2 운동은 최대 심박수의 65~75%를 유지하며 30분 이상 유산소운동을 하는 것을 말한다. 많은 경우에 책상 앞에 앉아 있는 3시간보다 규칙적인 심박수를 유지하는 30분간의 유산소운동이 아이의 성적을 올리는 데 훨씬 더 효과적이라는 사실을 알아둘 필요가 있다. 유산소운동 등의 신체활동을 하면 아이의 성적이 올라간다는 것이 많은 연구를 통해 밝혀졌다.

시험에 대한 관점을 바꿔라

시험에 대한 자기조절력을 더욱 강화하여 시험불안증에서 완전히 벗어나려면, 역설적으로 들릴지 모르겠으나 시험에는 '운'이 따른다는 사실을 인식할 필요가 있다. 대부분의 사람이 노력한 만큼, 즉 공부시간과 성적은 비례한다고 생각한다. 물론 어느 정도는 맞겠지만 절대적인 것은 아니다. 공부를 많이 했다고 반드시 아는 게 많은 것은 아니며, 아는 것이 많다고 반드시 시험을 잘 보는 것도 아니다.

수능이든 다른 시험이든 시험을 잘 보려면 세 가지 조건을 충족해야 한다. 첫째는 '학습량'이다. 일단 머릿속에 든 지식의 양이 많아야 한다. 둘째는 '운'이다. 아무리 공부를 많이 했어도 모르는 문제가 나오면 틀릴 수밖에 없다. 아무리 준비를 많이 한다 해도 모든 시험 문제를 다 풀 정도로 완벽하게 준비하기란 불가능하다. 셋째는 시험 당일의 '컨디션'이다. 이것은 운과는 전혀 다른 것이다. 기분이 좋고 활기찬가, 몸과 마음이 왠지 무거운가에 따라 시험 결과가 상당히 달라진다. 갑자기 두통이 몰려온다거나 소화불량이 생긴다거나 부정적 감정에 휩싸이면 시험을 잘 보기는 힘들다.

수능 만점자는 전 과목의 문제를 다 맞힌 사람이다. 그렇다면 그 학생은 수능 전에 치른 비슷한 난이도의 모의고사에서 항상 만점을 받았을까? 아마 아닐 것이다. 그 학생이 수능을 다시 봐도 또 만점을 받을까? 그럴 가능성은 희박하다. 한마디로 수능 만점자는 그날 대단히 운이 좋았다는 뜻이다. 만점을 받을 실력이 있다는 것은 만점 받을 확률이 높은 학생이라는 뜻이지, 시험 볼 때마다 언제나 만점을 받는다는 뜻은 아니다. 그런 사람은 없다. 그건 신의 영역이다.

수학을 92점쯤 받는 실력의 학생이 있다고 하자. 하지만 이는 시험에서 항상 92점을 받을 수 있다는 뜻이 아니다. 90점도 받고 94점도 받다가, 운이 나쁘면 88점도 받을 수 있고 또 운이 좋으면 96점도 받을 수 있다는 뜻이다. 그런데 수능에서 88점과 96점은 엄청나게 큰 차이다. 가고 싶은 대학의 당락을 좌우할 정도다. 그런 엄청난 차이가 운으로 결정된다. 그게 바로 시험이다.

물론 평소에 92점쯤 받는 학생은 아무리 시험을 망쳐도 70점을 받을 가능성은 매우 낮다. 그러나 88점이냐 96점이냐는 그날의 컨디션과 운에 따라 달라진다. 물론 열심히 노력하면 88점보다는 96점을 받을 '가능성'이 높아진다. 확실한 건 아니다. 다만 가능성이 높아질 뿐이다.

시험에는 운과 가능성이 존재하니 요행을 기대하라는 얘기가 아니다. 스트레스를 받지 말라는 당부다. 열심히 해도 안 될 수도 있으니, 결과에 너무 집착하지 말라는 의미다. 앞에서도 말했다시피 공부를 열심히 한다는 것은 성적이 오를 가능성을 높인다는 것이다. 혹시 성적이 오르지 않아도 실망하지 마라. 아무리 머릿속에 든 게 많아도, 아무리 열심히 훈련해서 시험 당일 완벽한 컨디션으로 아주 침착하게 시험을 치렀다고 해도 결과는 좋지 않을 수 있다. 시험에는 내가 어찌할 수 없는 부분이 있으니 마음을 비워야 한다. '진인사대천명'이라는 생각을 갖고 겸허하게, 스스로의 노력에만 집중하자.

그럼에도 많은 학생이 '어떤 과목에서는 적어도 몇 점을 받아야지'라는 식으로 목표를 세운다. 가령 수학 100점을 받겠다고 목표를 세우면, 그 순간부터 엄청난 스트레스를 받게 된다. 수능에서 무조건 수학 100점을 받으려면 모든 문제를 항상 시간 내에 풀 수 있어야 하는데, 그건 매우 어려운 일이다. 그러한 부담을 안고 시험에 임한다면, 단 하나라도 아리송하거나 잘 모르는 문제가 나오면 엄청난 불안감에 시달리게 된다. 집중력은 그 순간 저 멀리 달아나버린다. 차라리 나는 지금 100점 받을 가능성을 높이려는 것뿐이라는 생각으로 공부하면, 압박감에서 해방될 수 있다. 시험 보는 순간에도 침착하게 최선을 다해 문제에만 집중할 수 있게 된다. 반드시 모든 문제를 다 풀어 만점을 받아야 한다는 목표를 좇는 순간, 오히려 시험불안증이 가중되어 만점의 가능성도 멀어진다.

시험에서 실수하지 않으려면

시험불안증은 실수를 유발한다. 그러나 시험불안증과 실수가 별 관련이 없는 경우도 있다. 시험불안증에서 벗어난다고 해서 전혀 실수를 안 하는 것은 아니라는 얘기다. 흔히 실수는 덤벙대서, 침착하지 못해서 일어나는 것이니 정신만 바짝 차리면 실수를 안 할 거라고 믿는다. 차분하게 집중하자고 마음먹은 그날부터 실수를 안 한다면 얼마나 좋겠는가. 하지만 이는 큰 착각이다. 마음만 먹는다고 근육이 생기지는 않는다. 운동을 해야 생긴다. 달리기를 잘하지 못하는데 따끔하게 야단맞는다고 잘 달릴 수 있을까? 아니다. 달리기 훈련을 해야 한다.

대부분의 학생은 시험에서 어이없는 실수를 하면 허탈해한다. 아는 문제인데 틀렸다고. 하지만 시험에서 중요한 것은 아느냐 모르느냐가 아니라, 맞느냐 틀리느냐다. 많은 학생이 실수로 문제를 틀리면 대수롭지 않게 여긴다. 다음 시험에서는 정신만 바짝 차리면 안 틀릴 거라고 생각한다. 하지만 그렇지 않다. 실수하는 학생은 실수를 반복한다. 예상하지 못한 곳에서 예상하지 못한 실수를 저지른다. 침착하자고 마음먹는다고 실수를 안 하는 게 아니다. 침착하고 차분해지는 것을 목표로 몸과 마음을 다스리는 훈련을 해야 한다.

시험 볼 때 실수하는 원인은 크게 두 가지다. 하나는 지나친 불안과 긴장이고, 다른 하나는 주의력 분산이다. 즉 너무 긴장하거나 너무 덤벙대다 보니 실수하는 것이다. 실수하지 않는 훈련을 하려면 먼저 내가 자주 저지르는 실수의 유형이 '불안긴장형'인지 '주의산만형'인지를 파악해야 한다.

불안긴장형 실수를 하는 아이는 평소 혼자 문제를 풀 때와 시험 볼 때 실수하는 정도가 상당한 차이가 난다. 똑같은 난이도의 수학 문제라도 평소엔 30문제에 한 번꼴로 실수를 하다가 실제 시험에서는 10문제에 한 번꼴로 실수하는 식이다.

한편 주의산만형 실수를 하는 아이는 시험 때 약간 더 많이 실수하긴 하지만, 평소 혼자 문제를 풀거나 시간제한 없이 문제를 풀 때도 여전히 비슷한 비율로 실수를 한다. 이런 아이들은 대체로 성격이 차분하지 못하다. 글씨도 단정하지 못해서 수학 문제를 풀다가 간혹 자기 글씨를 못 알아보기도 한다.

만일 당신의 아이가 불안긴장형 실수를 하고 있다면 긴장을 완화하는 편도체 안정화 훈련을 시켜줄 필요가 있다. 심호흡을 크게 하거나 명상을 하는 습관을 들이는 것이 도움이 된다. 특히 뇌신경계를 이완하는 훈련이 필요하다. 집에서 혼자 편안하게 공부하듯, 시험을 볼 때에도 마치 집에서처럼 편안한 마음을 가져보라고 계속 조언해주자.

주의산만형 실수를 하는 아이라면 긴장을 완화하는 훈련보다는 일상에서 한 번에 한 가지 일만 차분하게 집중하는 집중력 훈련이 필요하다. 이것은 편도체 안정화보다는 전전두피질 활성화 중심의 훈련이다. 사소한 행동 하나라도 주의 깊고 차분하게 하기, 한 번에 한 가지 일만 하기 등을 의식적으로 실천하는 것이다. 예를 들어 학교에 허둥지둥 뛰어가는 버릇이 있다면 천천히 한 걸음 한 걸음 내딛는 데 집중하며 걷는 식이다. 이런 훈련이 어느 정도 자리를 잡고 나면 명상훈련을 병행해도 좋다. 유튜브 채널 '내면소통 명상'에서 격관명상 동영상을 찾아서 반복해보라. 주의산만형 실수를 줄이는 데 큰 도움이 될 것이다.

문제풀이 능력을 높이는 자기동기력

시험과 관련해 자기동기력을 발휘한다는 것은 바로 시험 자체에 대한 열정과 내재동기를 느낀다는 것이다. 시험 자체가 즐겁고 신나고 열정을 불러일으키는 일종의 게임처럼 느껴진다는 뜻이다. 이를 위해서는 시험 직전에 무슨 생각을 하느냐가 매우 중요하다. 실제로 많은 연구들이 시험 직전에 하는 생각이 성적에 많은 영향을 미친다는 것을 밝혀냈다.

특히 시험 보기 전에 자신의 능력에 대해 긍정적인 면을 떠올리는 것은 매우 중요하다. 이는 '무조건 나는 할 수 있다', 혹은 '나는 다 이룰 수 있다'는 식의 '신념의 마력'을 가지라는 게 아니다. 자신의 능력과 관련해서 사실에 입각하지 않은 근거 없는 과대망상은 아무리 마법의 주문처럼 되뇌어봤자 별 도움이 되지 않는다. 그러나 시험과 관련된 자신의 긍정적인 모습 중에서 사실에 입각한, 객관적인 상황을 떠올리는 것은 큰 도움이 된다. 사람은 누구나 실패했던 기억과 성공했던 기억을 다 갖고 있게 마련이다. 실패도 사실이고 성공도 사실이다. 그러나 시험 직전에는 반드시 성공했던 기억을 떠올리는 것이 중요하다.

시험 보기 직전에 무슨 생각을 해야 하는가

이와 관련해서는 하버드대학의 날리니 암바디 교수팀이 내놓은 연구결과를 눈여겨볼 만하다.[94] 미국에는 수학 성적과 관련된 사회적 편견이 존재한다. 여학생은 남학생에 비해 수학을 못한다는 것과, 아시아 학생들은 다른 인종에 비해 수학을 잘한다는 것이다. 암바디 교수는 자기암시가 수학 성적에 미치는 효과를 알아보기 위해 아시아계 여학생들(초등학생과 중학생)을 대상으로 실험을 했다.

학생들은 우선 수학시험을 치르기 직전, 3개의 문항으로 이루어진 간단한 설문조사에 답해야 했다. 3개가 한 세트인 설문은 두 종류로 나뉘었다. 한 세트는 학생들에게 스스로 '아시아계'라는 인종적 정체성을 떠올리게 하는 문항들이었다. 예컨대 백인 친구가 있는지, 친구들 대부분이 어떤 인종인지, 집에서는 어떤 언어를 쓰는지 등 인종과 관련된 질문이었다. 다른 한 세트는 스스로 '여자'라는 사실을 떠올리게 하는 문항들이었다. 대부분의 친구가 여자인지 남자인지, 학교에서 남녀차별은 없는지, 자신이 아빠를 닮았는지 엄마를 닮았는지 등의 질문이었다.

학생들은 이 두 종류의 설문 중 하나를 골라 답한 후 수학시험을 치렀다. 결과는 놀라웠다. 자신이 아시아계임을 상기시켜주었던 인종 관련 문항에 답한 아이들의 성적이 월등히 높았던 것이다. 시험을 보기 전 약 1분간 단 3개의 설문에 답했을 뿐인데 그 효과는 즉각적으로 수학 성적에 반영되었다. 머릿속으로 잠시 '아, 나는 아시아계지' 하고 생각하는 순간, 아시아계는 수학을 잘한다는 생각이 무의식적으로나마 잠시 스쳐 지나갔을 것이다. 그리고 단 몇 초 동안이지만 자신이 수학에 강한 아시아계라는 생각이 통계적으로도 유의미한 점수 향상으로 이어진 것이다.

반면 자신이 여학생임을 잠시 상기했던 아이들의 수학 성적은 눈에 띄게 낮았다. 잠시나마 '나는 여학생이야. 여학생은 수학을 못해'라고 생각했을 학생들의 성적은 통계적으로 유의미하게 훨씬 낮았다. 같은 학교, 같은 반 아이들을 무작위로 두 그룹으로 나눴으니, 이렇게 차이가 벌어지게 된 요인은 단지 서로 다른 설문 3개에 응답한 것 외에는 없다.

이 연구결과는 시험 보기 직전에 자신의 능력에 대해 어떻게 생각하는지가 실력 발휘에 매우 큰 영향을 미친다는 사실을 극명하게 보여준다. 지난번 수학시험을 망친 학생은 나는 수학을 못한다고 생각하게 되고, 이런 생각은 평소 실력보다 더 시험을 못 보게 만든다. 자기 실력을 제대로 발휘해서 시험을 잘 보려면 스스로의 능력을 긍정적으로 인식해야 한다. 이를 위해서는 시험 직전까지 자신의 장점이나 유능성, 과거에 잘했던 일을 떠올리면서, '나는 잘 할 수 있다'는 자기암시를 계속 해야 한다. 단 몇 초라도 자신의 역량과 관련된 긍정적 회상은 확실한 효과를 발휘한다. 게다가 자신의 장점과 유능성에 대해 생각하는 것은 긍정적 정서를 유발하는 효과도 있다. 이제 곧 살펴보겠지만 긍정적 정서 또한 문제해결 능력을 직접적으로 향상시킨다.

긍정적 정서와 문제풀이 능력

긍정적 정서는 한마디로 행복감이다. 사람들은 흔히 긍정적 정서와 쾌감을 혼동한다. 맛있는 음식을 먹을 때, 신나는 음악을 들을 때, 복권에 당첨되었을 때 느끼는 짜릿함은 쾌감이다. 긍정적 정서는 이렇게 짜릿하진 않지만, 우리의 마음을 은근히 따뜻하게 만드는 기분 좋은 행복감이다. 물론 쾌감을 통해서도 긍정적 정서는 어느 정도 유발된다. 그러나 긍정적 정서가 강력하게 유발될 때는 자신의 장점을 느끼거나 성장을 확인할 때, 혹은 내가 유능하다고 느낄 때 등이다. 즉 스스로에 대해 긍정적 느낌을 경험할 때 우리는 깊고 강한 행복을 느낀다. 이때 전전두피질이 활성화된다.

긍정적 정서는 자신에 대한 긍정적 느낌뿐 아니라 타인에 대한 긍정적 느낌을 가질 때도 유발된다. 대표적인 예가 감사함을 느낄 때다. 누군가에게 가슴속 깊이 감사할 때 우리의 뇌는 강한 긍정적 정서 반응을 일으킨다. 감사하기는 심장박동 수, 혈압의 변화, 뇌파 등 여러 신체지표를 안정적으로 만들어준다. 규칙적인 유산소운동 역시 긍정적 정서를 유발하며 학습능력과 기억력도 강화해준다는 것은 이미 확인된 바 있다.

긍정심리학의 권위자인 바바라 프레드릭슨은 긍정적 정서가 부정적 정서의 유발로 인한 온갖 나쁜 현상을 완화하고 없애준다는 것을 실험을 통해 입증했다. 스트레스나 짜증, 압박감 등으로 편도체가 활성화되고 스트레스 호르몬 수준이 마구 올라갈 때 긍정적 정서는 이를 순식간에 완화한다. 프레드릭슨은 피험자가 실험실을 방문하면 우선 편안하게 앉도록 한 뒤 혈압, 맥박의 변화, 혈관 수축 정도 등을 측정했다. 개인의 평소 수치를 기준점으로 삼기 위해서다. 그러고는 피험자에게 이제 곧 여러 사람들 앞에서 자기소개를 하게 될 테니 준비하라고 알려준다. 스피치 장면을 동영상으로 녹화해서 전문가들의 평가도 받을 것이라고 통보한다. 전혀 예상치 못한 상태에서 갑자기 다른 사람들 앞에서 스피치를 해야 한다는 사실을 알게 되면 대부분 긴장한다. 혈압은 상승하고, 맥박은 빠르게 뛰며, 혈관은 수축한다. 그러다 몇 분 후 피험자에게 당신은 스피치 대상에서 제외되었으니 자기소개를 안 해도 된다고 알려준 후, 간단한 동영상을 보게 한다. 스피치를 안 해도 된다는 말에 이들은 안심하게 되고, 그에 따라 신체의 스트레스 호르몬 수치는 점차 낮아진다. 혈압, 맥박, 혈관 수축 정도 같은 신체지표 역시 원래 상태로 되돌아간다. 이때 피험자들에게 다음 네 가지 동영상 중 하나를 보여준다. 1번은 아름다운 바다 풍경, 2번은 꽃을 배경으로 귀여운 강아지가 노는 장면, 3번은 어린 소년이 사랑하는 가족의 죽음에 슬피 우는 장면, 4번은 컴퓨터의 스크린 세이버처럼 별 의미 없는 추상적 도형들이 화면을 메워가는 동영상이었다.

피험자들은 자신이 본 동영상에 따라 신체지표에서 완전히 다른 반응을 보였다. 아름다운 바다 풍경이나 귀여운 강아지, 즉 긍정적 정서를 유발하는 동영상을 본 사람들의 신체지표는, 슬픈 장면이나 무의미한 장면을 본 사람들보다 훨씬 더 빨리 정상으로 회복했다. 사실 바다 풍경이나 강아지가 노는 장면이 그다지 큰 긍정적 정서를 유발하지는 않는다. 그저 아주 약간 기분이 좋아지게 할 뿐이다. 그러나 이 '약간의 기분 좋아짐'의 효과는 확실하고 분명했다. 스트레스 상황을 가장 빨리 극복하는 방법은 긍정적 정서 유발이라는 사실이 과학적으로 입증되는 순간이었다.[95]

신체지표가 스트레스 반응을 보이는 동안 우리의 뇌는 변연계, 특히 편도체의 영향을 강하게 받는다. 앞에서 자세히 살펴보았듯이, 이러한 상황에서는 전전두피질의 문제풀이 능력이 저하될 수밖에 없다. 따라서 평소 시험 직전에 긍정적 정서를 유발하는 훈련을 하는 것이 매우 중요하다. 머릿속으로 아름다운 풍경을 떠올리거나 막연히 기분 좋은 생각을 하는 것도 물론 효과가 있겠지만, 그보다는 자신의 장점에 대해 생각하거나 감사명상을 하는 것이 더욱더 효과적이다.

실제로 긍정적 정서의 유발이 문제풀이 능력을 향상시킨다는 것을 입증한 연구는 많다. 그중 대표적인 것이 코넬대학 앨리스 아이센 교수의 연구다. 그는 학생들에게 촛불 문제나 밧줄 문제 등 창의성과 관련된 문제를 내기 전에 사탕을 주면서 기분 좋은 이야기를 하거나 코미디 프로그램을 5분간 보여주면, 문제해결 능력이 놀라울 만큼 높아진다는 사실을 입증했다.[96]

긍정적 정서와 성적 향상 간의 상관관계를 보여주는 또 다른 실험이 있다. 같은 반 아이들에게 같은 수학 문제를 풀게 하면서, 문제를 풀기 직전 어떤 학생들에게는 지난 일주일 동안 행복하고 기분 좋았던 일 다섯 가지를 적게 하고, 다른 학생들에게는 기분 나쁘고 화났던 일 다섯 가지를 적게 했다. 물론 기분 좋았던 일을 적은 후 문제를 푼 아이들이 시험을 훨씬 더 잘 보았다. 의사들에게도 긍정적 정서를 유발했더니, 잘못된 진단을 하거나 진찰 후 성급한 결론을 내리는 비율이 유의미하게 낮아졌다는 연구결과가 있다.[97] 그밖에도 많은 연구가 긍정적 정서가 의사결정, 자기조절력, 판단력, 협상력 등에 도움을 준다는 사실을 밝혀냈다. 한마디로 긍정적 정서는 '문제해결 능력'을 향상시킨다. 지능이 높은 사람보다는 긍정적인 사람이 시험을 더 잘 보고 문제를 더 잘 풀고 일을 더 잘하는 것도 바로 이 때문이다.

시험만이 아니다. 스포츠 등 모든 퍼포먼스에 해당하는 이야기다. 감사명상 등의 훈련을 통해 긴장감이 고조되는 상황에서도 긍정적 정서를 유발하는 습관을 들이면 경기에 훨씬 더 집중할 수 있다. 골프, 양궁 등 고도의 집중력이 요구되는 종목에서는 선수들이 평소 꾸준히 긍정적 정서 유발 훈련을 하는 것이 세계적인 추세가 된 지 오래다. 긍정적 정서가 성취역량을 향상시킨다는 사실이 이제 과학적으로 널리 증명된 것이다.

프레드릭슨은 긍정적 정서의 이러한 기능을 '확장과 수립 이론'을 통해 설명한다. 긍정적 정서는 뇌의 기능적 연결성을 확장하고, 이에 따라 확장적 사고가 증대되고 생각의 레퍼토리가 넓어져서 문제해결 능력이 향상된다는 것이다.[98] 아이센 교수 등은 긍정적 정서의 효과는 도파민과 관련이 있으리라는 이론을 제시하기도 했는데, 지금은 통설로 받아들여지고 있다.[99] 즉 도파민과 관련이 깊은 자기동기력이 문제풀이 능력을 높이는 결정적인 요인인 것이다. 이것이 자기동기력을 강화하면 문제해결 능력이 향상되고 성취역량이 높아지는 이유다.

긍정적 정서 유발을 뇌라는 기계에 기름을 치는 것에 비유한다면, 부정적 정서 유발은 모래를 뿌리는 것에 비유할 수 있다. 따라서 긍정적 정서의 유발은 문제해결에도 즉각적인 효과를 발휘하지만, 장기적으로는 뇌를 더욱 건강하게 만들어준다. 마찬가지로 부정적 정서는 뇌를 비효율적이고, 빽빽하고, 작동이 잘 안 되게 만든다. 심하면 기계를 망가뜨리기도 한다.

긍정적 정서의 효과는 즉각적이면서도 장기적이라는 측면에서 빛을 발한다. 프레드릭슨에 따르면 긍정적 정서는 즉각적인 사고의 확장과 문제풀이 능력을 향상시키는 한편, 장기적으로는 마음의 근력인 회복탄력성을 강화해준다고 한다.[100] 그야말로 강력한 마음 근력을 위한 연료이자 윤활유인 셈이다.

긍정적 정서와 관련해 한 가지 주의할 점이 있다. '무조건 하면 된다' 혹은 '무조건 할 수 있다, 긍정하면 다 이루어진다'는 식의 긍정이 아니라는 것이다. 주어진 여건을 무시하고 무조건 긍정하라는 얘기도 아니다. 그러한 미신적 차원의 무조건적 긍정은 사람을 더 불편하게 하고, 더 불안하게 하고, 궁극적으로는 오히려 더 큰 부정적 정서를 유발할 수도 있다. 긍정적 정서를 유발하는 습관이 들지 않은 채 편도체가 과도하게 활성화된 상태에서 단지 긍정의 의지만 불태운다면, 이는 스스로에게 긍정을 '강요하는' 것으로 오히려 뇌의 부정적 정서를 더욱 강화할 뿐이다.

긍정적 정서 유발의 습관을 들인다는 것은, 엄밀히 말해 긍정적 정서와 관련된 뇌의 시냅스 연결을 강화한다는 뜻이다. 긍정적 정서 유발과 관련된 뇌의 새로운 시냅스를 만들어내야 하는 것이지,

긍정적으로 생각하자고 마음만 먹으라는 뜻이 아니다. 긍정적 정서와 관련된 새로운 시냅스 연결이 생겨나면, 의도하지 않아도 저절로 긍정적 정서가 유발되는 상태가 된다. 즉 행복의 기본 수준이 높아지는 것이다.

따라서 어린아이에게는 공부와 관련한 여러 자극에 대해 긍정적인 정서가 '습관적으로' 유발될 수 있도록 돕는 것이 좋다. 그저 열심히 공부하라고 강요해서는 오히려 공부와 관련된 모든 것에 부정적 정서를 느끼게 될 우려가 있다. 가령 수학책 표지만 떠올려도 은근히 짜증이 나거나 중압감을 느끼는 아이는 절대 수학을 즐길 수 없고, 즐길 수 없으니 잘할 수도 없다. 책을 보기만 해도 짜증이 나는데 공부가 잘될 리 만무하다. 책이 예뻐 보여야 한다. 내가 공부할 책이 마치 사랑스러운 애완동물처럼 느껴져야 한다. 열심히 필기한 노트가, 오랫동안 들여다본 책이 왠지 소중하게 느껴진 적이 있을 것이다. 그리고 그런 마음이 드는 과목은 성적도 좋았을 것이다. 공부하는 모든 책과 노트를 볼 때마다 긍정적인 기분이 들도록 노력해야 한다.

한 가지 더, 긍정적으로 생각하자고 마음먹는 대신 구체적인 것부터 실천해보자. 굳이 거창할 필요도 없다. 자신의 장점 떠올리기, 감사명상 하기, 규칙적으로 운동하기, 주변 사람들에게 친절을 베풀고 배려하기 등의 행동을 매일 꾸준히 실천하면 된다. 그러다 보면 수개월 내에 나도 모르는 사이에 내가 달라져 있음을 발견하게 될 것이다. 공부뿐 아니라 무슨 일이든 전보다 더 잘할 수 있음을 깨닫게 될 것이다. 게다가 긍정적 정서가 향상되면 면역 시스템도 강화된다. 몸이 건강해야 마음도 건강해지지만, 마음이 건강해야 몸도 건강해지는 법이다.

시험도 결국
'소통'이다

교사가 문제를 내고 학생이 답을 하는 것은, 출제자와 학생 사이에 일정한 형태의 소통이 이루어진다는 것이다. 문제를 이해해야만 문제를 풀 수 있다. 즉 출제자의 의도를 파악해야 한다는 뜻이다. 시험이라는 소통은 수업이라는 그 이전의 소통을 전제로 한다. 시험이란 결국 수업시간에 있었던 교사와 학생 사이의 소통에 대해 다시 한번 소통해보는 과정이라 할 수 있다.

문제풀이의 과정은 그동안 공부했던 내용과 기억 사이의 소통을 요구한다. 문제를 푸는 학생은 출제자와의 대인(interpersonal) 커뮤니케이션은 물론, 자신과의 내적(intrapersonal) 커뮤니케이션도 성공적으로 해내야 한다. 시험 문제를 풀기 위해 교과과정을 만든 수많은 콘텐츠 제공자와, 그걸 가르친 교사, 문제를 낸 출제자, 나아가 이러한 내용을 공부했던 과거의 자신과 소통해야 한다. 이러한 소통능력이 뛰어난 학생이 곧 시험을 잘 보는 학생이고, 우리가 흔히 말하는 '공부 잘하는' 학생이다.

앞에서도 언급했던 가수 이적의 어머니인 박혜란 씨는 세 아들에게 수업시간에는 항상 선생님과 눈을 마주쳐야 한다고 강조했다고 한다. 수업이 일종의 커뮤니케이션임을 이해하고 있었던 것이다. 선생님 말씀을 잘 듣고, 책을 읽고 이해하고, 노트를 정리하고, 시험 볼 때는 출제자의 의도를 파악해 답을 생각해내고…. 이러한 과정은 모두 소통에 해당한다. 수업시간에 선생님의 눈을 보는 것은 수업이라는 소통을 효율적으로 하기 위한 방법 중 하나다. 눈을 마주침으로써 선생님과 공감대를 형성했을 것이고, 수업은 효율적으로 이루어졌을 것이다. 이적은 인터뷰에서 이렇게 말했다.

"의외로 선생님 눈을 쳐다보는 학생이 많지 않아요. 그래서 수업 중에 제가 아리송한 표정을 지으면 그걸 보신 선생님이 다시 설명하셔서 마치 수업이 개인교습처럼 이루어졌다고나 할까요…. 지겨운 수업이 대부분이었지만 수업 장면을 비슷하게 떠올리면 나중에 기억이 잘 납니다."

소통능력의 핵심은 스토리텔링 능력이다. 스토리텔링 능력은 곧 기억의 능력이기도 하다. 기억에는 두 종류가 있다. 단순한 사실을 기억하는 사실기억과, 사건의 전후 맥락을 이해하고 기억하는 에피소드 기억이다. 모든 '이해'의 바탕에는 에피소드 기억이 존재한다.

어떤 과목이든 또는 어떤 내용이든 무언가를 이해하고 머릿속에 정리하려면 나름대로 스토리를 만들어내야 한다. 그러한 내용에 대해 나만의 독창적인 스토리텔링을 할 수 있을 때, 그것을 '이해'했다고 표현할 수 있을 것이다. 다시 말해 어떤 것을 이해했다는 것은 그에 대한 소통이 가능한 상태에 이르렀다는 뜻이다. 그 내용에 대해 누군가에게 나의 언어로 설명할 수 있고 가르칠 수 있어야만 완전히 이해한 것이다.

처음 접하는 내용에 대해서는 스토리를 만들어낼 수 없다. 그래서 다른 사람의 스토리를 들으면서 이해해야 한다. 이것이 바로 선생님의 설명을 듣는 과정이다. 따라서 선생님의 설명을 듣는 동시에, 부지런히 머릿속으로 자기 나름의 설명을 만들어내는 훈련이 필요하다. 스토리텔링 능력은 부지런히 훈련을 해야 좋아진다. 스토리텔링 훈련으로 가장 좋은 것이 바로 다른 사람이 써놓은 이야기, 즉 책을 읽는 것이다. 그러나 책만 좋은 것은 아니다. 인터넷이나 방송에서 접할 수 있는 수많은 다큐멘터리도 좋은 학습도구다. 과학다큐, 역사다큐, 자연다큐 등 모두 책 이상으로 효과적이고 훌륭한 스토리텔링의 선생이다.

스토리텔링 능력을 키우려면 공부한 내용에 대해 친구들과 바로 이야기하는 습관을 들이는 것이 좋다. 교육학자들은 교사의 일방적인 수업보다 수업 직후 학생들끼리 서로 이야기하도록 하는 협동학습이 매우 효과적인 교육 방식임을 이미 오래전에 발견한

바 있다.[101]

교사가 어떤 내용을 설명한 후 학생 4~6명씩 한 조를 이뤄 방금 배운 내용에 대해 서로 이야기하게 하는 것이 협동학습이다. 협동학습은 중·고등학교 학생들에게 특히 효과적이다. 수업 내용에 대해 서로 이야기하는 협동학습이 효과적인 이유는, 선생님의 수업을 들으면서 나라면 이걸 어떻게 설명해야 할지를 생각해보기 때문이다. 즉 선생님의 수업을 들으면서 자기 나름의 내면의 목소리를 냄으로써 학습과 복습이 동시에 이루어진다.

협동학습에 대한 연구들 중에는 학업성취도가 뛰어난 학생이 좀 뒤처지는 학생에게 설명하는 것이 두 학생 모두에게 도움이 되는 '윈윈게임(win-win game)'이라는 결과도 있다. 그래서 조를 짤 때 서로 실력이 비슷한 학생들끼리 묶는 것보다, 학업성취도가 우수한 아이와 조금 부족한 아이를 섞어야 학생 모두에게 도움이 된다.[102] 학업성취도가 우수한 아이는 조금 뒤처지는 아이에게 설명하면서 더욱더 깊이 이해하게 된다. 이렇게 자기가 설명한 내용은 결코 잊어버리지 않는다. 또 선생님 입장에서 설명해봤기 때문에 시험을 준비할 때도 출제자의 입장에서 공부하게 된다. 한편 학업성취도가 조금 낮은 아이는, 교사의 설명보다는 또래 친구의 설명을 들을 때 훨씬 잘 이해할 수 있다고 한다. 또래끼리는 언어와 문화가 잘 통하기 때문에 이해가 빠른 것이다.

시험과의 소통 훈련, 자가피드백

시험이 끝난 후에는 시험 문제를 다시 검토해보면서 내가 시험 볼 때 어떤 생각을 했는지를 돌이켜보는 자가피드백이 필요하다. 특히 시험 범위가 정해져 있고, 같은 출제자가 다음 시험도 출제하게 되는 교내 중간고사나 기말고사의 경우 철저한 자가피드백은 필수다. 시험을 본 후에 왜 틀렸는지, 문제 푸는 동안 무슨 생각을 했는지, 시험 공부를 할 때 어느 부분이 비효율적이고 부족했는지, 이번 시험 공부 계획은 효율적이고 적절했는지 등을 스스로 검토하는 것은 성적 향상을 위한 가장 효율적인 투자다. 흔히 시험을 보고 나면 틀린 문제만 살펴보는 학생이 많다. 오답노트를 만든다고 하지만, 왜 틀렸는지 간단히 확인해보는 것이 전부다. 하지만 그것만으로는 부족하다. 시험 후에는 반드시 모든 시험, 모든 문제에 대한 '자가피드백'을 해보는 것이 좋다. 자가피드백의 방법은 다음과 같다.

먼저 시험 자가피드백용 노트를 준비한다. 중간고사나 기말고사가 끝난 후에 과목별 시험지를 시험 본 순서대로 다 펼쳐놓는다. 그리고 맞았든 틀렸든 1번 문제부터 다시 하나하나 살펴본다. 객관식 문제라면 모든 선택지를 차근차근 다시 읽어본다. 그렇게 읽다 보면 그 문제를 풀 때 무슨 생각을 했는지, 사고의 흐름이 생각나게 되어 있다. 내가 시험 보는 도중 표시해놓은 내용들도 읽어보면서 이 문제를 풀 때 어떤 개념을 떠올렸고 어떤 사고과정을 거쳤으며 그 결과 어떻게 정답을 찾아냈는지를 검토해야 한다. 이러한 과정을 통해 혹시 잘못 생각하거나 공부가 부족한 부분은 없었는지 점검한다. 어떤 내용을 알았더라면 더 빠른 판단을 했을지, 또는 잘못된 판단을 했는데 운이 좋아서 맞은 것은 없는지 등을 빠짐없이 확인한다. 이 내용을 피드백 노트에 자세히 정리한다. 때로는 시험 볼 때 느꼈던 것 중에서 나중에 공부할 때 챙겨야 할 중요한 포인트를 따로 정리한다. 즉 시험 문제와 내가 어떠한 소통을 했는지를 하나하나 검토해보는 것이다.

피드백 노트를 정리할 때는 시험 결과나 무엇을 틀렸는지보다 왜 틀렸는지를 밝히려고 노력해야 한다. 비록 맞은 문제라 하더라도 과정이 깔끔하지 않았다면 전부 노트에 적어야 한다. 이렇게 적다 보면 다음 시험기간에는 어떤 점을 보완해야 할지를 자연스럽게 알 수 있다. 피드백 노트는 다음 시험 공부 계획을 세우는 데 아주 중요한 자료가 된다.

말이 쉽지 시험을 못 봤다면 피드백은커녕 그 시험지를 다시 쳐다보기도 싫은 것이 사람 마음이다. 이미 끝난 시험을 처음부터 끝까지 다시 들여다보는 것은 그야말로 고역이다. 하지만 시험 결과가 마음에 안 들수록 더욱더 꼼꼼히 피드백을 해야 한다. 시험을 망칠 때가 분명 있다. 그때 몇 개 틀렸고, 몇 점을 받았는지에 집착하지 말고, 이건 왜 틀렸고 저건 왜 틀렸는지를 정면으로 마주해야 한다.

시험 전체를 생각하면 이미 지나가버린, 이제는 어찌할 수 없는 난제처럼 생각되지만, 한 문제 한 문제 쪼개서 분석하다 보면 '길'이 보인다. 이런 문제는 또 나와도 풀 자신이 없고, 어떻게 대비해야 할지 모르겠다는 생각이 드는 문제도 있다. 그런 것은 과감히 넘겨버리면 된다. 이번에는 틀렸지만 노력하면 다음에는 풀 수 있는 문제부터 확실히 대비하는 것이 현명한 전략이다.

시험을 잘 봤다고 하더라도 피드백을 게을리하면 안 된다. 아무리 잘 봤어도 어딘가 빈 구석이 있게 마련이다. 찍어서, 혹은 운이 좋아서 맞힌 문제도 분명히 있을 것이다. 지문 하나하나를 다 읽으면서 혹시 모르는 내용이 있지는 않은지 다시 한번 살펴보자. 시험을 잘 봤다고 자만하다가는 언젠가는 대가를 치르게 되어 있다. 피드백 노트는 고등학생이든 중학생이든 초등학생이든 시험 보는 학생이라면 정리하는 것이 도움이 된다.

이렇게 정리한 피드백 노트는 시험 2~3주 전 시험 공부 계획을 짤 때 참고해야 한다. 시험 바로 전날에도 해당 과목의 피드백 노트를 훑어보는 것이 큰 도움이 된다. 자가피드백 노트는 어떤 공부를 해야 할지, 출제자는 어떤 점을 중요시하고 있는지, 내 준비가 미흡했던 부분은 어디인지를 알려준다. 뿐만 아니라 시험 볼 때의 마음가짐이나 전략, 주의사항 등도 생각나는 대로 적어두는 것이 좋다. 지난번 시험 볼 때의 나, 즉 과거의 내가 이번에 시험을 보려는 오늘의 나에게 해주는 조언이기에 매우 큰 도움이 된다.

자가피드백은 특히 교내 시험을 위해서는 반드시 필요하다. 학교 시험 문제는 보통 같은 선생님이 1년에 네 번 출제한다. 따라서 자가피드백 노트를 잘 정리하면 선생님의 출제 패턴을 어느 정도 파악할 수 있다. 예컨대 서술형 문제에서 이런 건 깎고 저런 건 봐준다는 채점기준을 아는 데도 도움이 된다. 특정 과목의 서술형 문제의 까다로운 채점기준을 파악하면, 다음 시험의 서술형에서 억울하게 점수가 깎이는 일을 피할 수도 있다. 객관식 문제 역시 선생님이 어떤 스타일을 좋아하는지, 어떤 식으로 함정을 파두는지 등을 어느 정도 파악할 수 있다. 학교 선생님의 마음을 읽으려면 자가피드백을 통한 시험 문제 분석이 필수다. 몇 번의 시험을 제대로 분석한다면, 가끔은 어떤 문제를 어떤 선생님이 냈는지, 그 선생님이라면 무엇이 답일지까지 대충 감을 잡을 수 있다. 출제자의 의도를 파악하는 능력이 대폭 향상되는 것이다. '자가피드백'이야말로 과거의 나와 오늘의 나, 출제자와 응시자 간의 보이지 않는 내면소통이다.

점수나 등수가 아닌 계획 자체를 목표로 삼아라

시험에서 강력한 그릿을 발휘하기 위해서는 목표 설정을 제대로 해야 한다. 등수나 점수를 목표로 삼는 것은 피하는 것이 좋다. 굳이 둘 중 하나를 고른다면 등수보다는 점수를 목표로 삼기를 권한다. 등수나 점수에는 모두 운이 따른다. 내가 완전히 통제할 수 없는 사항을 목표로 세우면, 자연히 마음이 불안해진다. 따라서 등수나 점수가 아니라 '내가 세운 시험 공부 계획의 100% 달성'을 학업목표로 삼는 것이 바람직하다. 스스로 생각하기에 좀 무리다 싶을 만큼의 공부 계획을 세우고, 그것을 하루하루 실천해나가는 것 자체를 목표로 삼으면 된다. 스스로 세운 계획을 지키는 것은 굳은 의지로 노력하기만 하면 얼마든지 달성할 수 있다. 학습계획 자체를 목표로 삼아야 스트레스 없이 즐겁고 신나게 공부할 수 있는 법이다.

만약 학생이라면 마음속 깊이 새겨야 할 근본적인 목표는 '내가 하고자 마음먹은 것을 해냈다는 성취감을 느끼는 것'이다. 여기서 '하고자 마음먹은 것'은 물론 학습계획이다. 학습계획 자체를 목표로 삼는 습관을 가져보자. 수험생이라 해도 마찬가지다. 만약 대학 합격을 목표로 삼는다면 지금 내가 하는 일이 입시에 도움이 될지를 하나하나 따지게 되고, 자신이 하는 일에 대한 확신이 점점 없어지게 된다. 불안해진다. 집중력도 떨어지고 공부하는 재미도 사라진다.

고3이라면 목표를 대학 합격이 아니라, '후회하지 않는다'로 정해보자. 고3이라는 1년은 눈 깜짝할 사이에 금방 지나간다. 고3이 끝난 시점에서 지난 1년을 후회하지 않을 만큼 최선을 다할 것을 목표로 삼아라. '다시 고3으로 돌아간다 해도 내가 지금껏 노력한 것보다는 더 잘할 수 없을 것 같다'고 생각할 만큼, 열심히 하는 것 자체를 목표로 삼아라. 그렇게 해야 결과가 좋든 안 좋든 후회 없이 그 결과를 편하게 받아들일 수 있다. 이것은 고3이든 초등학생이든 중학생이든 직장인이든, 누구에게나 해당하는 말이다. 목표가 무엇이든 다시 시간을 되돌린다 해도, 지금까지 해온 것보다 더 많이, 더 열심히 할 수 없을 것이라는 마음이 들도록 하루하루 최선을 다해 노력하는 것을 목표로 삼아라. 그래야 그릿이 자라난다. 그래야 열정과 집념이 발휘된다. 대입 수험생이라면 수능 전날 지금까지 공부한 것을 돌이켜보면서, 후회 없이 최선을 다했다는 데 뿌듯한 자부심을 느끼며 잠자리에 들 수 있어야 한다.

학생으로서의 나의 삶이 성공적이었느냐 아니냐는 결코 점수나 등수에 의해 정해지지 않는다. 대입 수험생으로서의 나의 삶이 성공적이었는지는 수능이나 내신 성적이 아니라, 나 스스로 평가하고 판단해야 한다. 내 삶의 성공 여부를 단 몇 시간짜리 시험에 맡긴다는 것이 우습지 않은가? 자존심 상하지 않는가? 이 책을 읽는 수험생은 제발 그러지 말기를 바란다. 각자의 인생이 성공적이냐 아니냐는 스스로 판단해야 한다. 수능 전날, "이 정도면 나는 최선을 다했어. 후회 없어"라고 말할 수 있다면 고3으로서 성공적인 삶을 산 것이다. 그러면 가벼운 발걸음으로 시험장으로 향할 수 있을 것이다. 이런 삶의 태도를 가진 사람은 후회도 없고, 그릿도 강하고, 성취역량도 높다. 일시적으로 실패한다 해도 강한 회복탄력성으로 다시 튀어오를 수 있는 사람이다.

직장인이 되어서도 마찬가지다. 내 삶의 성공은 스스로 평가하는 것이지 그 누구도 대신해줄 수 없다. 사회적 지위가 높아졌다고 해서, 경제적으로 안정되었다고 해서 성공한 삶은 아니지 않은가. 어쩌면 내 삶의 성공은 나 스스로 평가한다는 자부심과 자존심이야말로 성공적인 삶을 가늠하는 조건이 아닐까.

스스로 하고자 하는 일을 상당히 수행했다면, 여러 가지 어려움 속에서도 목표한 만큼 다 해냈다면, 자신을 아낌없이 칭찬해주자. 그런데 학습계획을 세워보라고 하면, 상당수의 학생에게서 공통점을 발견할 수 있다. 하루에 몇 시간을 어떻게 공부하겠다는 계획을 세우는 게 아니라 일단 무언가를 하지 않겠다는, 즉 게임이나 만화책 등을 끊겠다는 결심부터 한다. 하지만 노는 것, 쉬는 것의 반대가 공부는 아니다. 전혀 놀지 않는다고 해서 나머지 시간을 전부 공부에 쓸 수 있는 것도 아니다. 놀지 말고 공부하라는 부모님의 당부를 듣고 자라서인지, 많은 학생의 머릿속에는 공부의 반대는 노는 것이라는 사고방식이 깊게 박혀 있다. 그래서 놀면 왠지 불안해지고 죄책감마저 든다. 이런 증상은 대학에 합격한 뒤에도 계속되는데, 대학에 가서도 고시 공부나 자격증, 로스쿨 준비 등 무언가를 해야 한다는 압박감을 느끼는 학생이 적지 않다.

공부에 대한 스트레스를 받으면 우리의 뇌는 무의식적으로 공부에 대한 거부반응을 일으킨다. 예를 들면 왠지 책이 손에 잡히지 않는다. 이럴 때 주로 하는 것이 게임, 인터넷 서핑, 카톡, 만화책 보기, TV 보기 등이다. 몇 시간씩 게임하고 웹툰을 보다 보면, 마치 게임이나 웹툰 때문에 공부를 못한 것 같은 착각에 사로잡힌다. 공부하려면 먼저 게임부터 끊어야겠다고 결심하는 이유다. 하지만 이는 인과관계가 바뀐 것이다. 공부가 손에 안 잡히는 것이 게임을 하게 된 원인이지, 게임이 공부를 안 하게 된 주된 원인은 아니다. 이런 상황에서는 게임을 끊는다고 갑자기 공부할 동기가 생기는 건 아니라는 얘기다.

혹시 지난 여름방학에 세웠던 계획이 무엇인지 기억하는가? '컴퓨터를 하루 1시간 이상 하지 말자', '핸드폰 게임을 지워버리자', '카톡을 삭제하고 웹툰과 드라마를 끊자' 같은 계획을 세우지 않았는가? 덜 놀면 그만큼 공부할 시간을 확보할 수 있을지는 몰라도, 그것이 곧 공부로 연결되지는 않는다. 그러니 무엇을 안 하겠다는 계획이 아닌, 무엇을 하겠다는 계획을 멋지게 짜보기 바란다.

계획을 짤 때는 '이 정도면 많이 하는 거지 뭐'라는 한계를 두는 대신, 자신도 깜짝 놀랄 만큼 많은 공부량을 전제로 한 계획을 세워보자. 그러고는 불도저처럼 밀어붙여라. 일별 계획을 세워놓고 목표량을 달성할 때마다 자신이 지킨 것을 펜으로 지우면서 뿌듯한 성취감을 느껴보라. 그럴 때마다 자신과의 싸움에서 이긴 듯한 뿌듯한 승리감을 만끽할 것이다. '이것을 하루 만에 다 해낼 수 있을까?' 하는 의구심과 싸워 이긴 것이기에, 게임보다 훨씬 더 짜릿한 재미를 느낄 것이다. 이것이 열정을 발휘하는 방법이다.

계획을 세울 때 염두에 둘 점을 하나 덧붙이자면, '수학 2시간, 영어 1시간 반' 하는 식으로 무슨 과목을 몇 시간 공부하겠다는 막연한 계획을 세워서는 안 된다는 것이다. 그러다가는 그냥 수학책을 2시간 펴놓고만 있어도 2시간 동안 수학을 공부했다는 착각에 빠지기 쉽다. 모든 장단기 학업계획은, 내신을 위한 계획을 포함해 구체적인 내용을 토대로 세워야 한다. 즉 어떤 수학 참고서를 어디부터 어디까지, 몇 페이지를 이번 주에 다 풀겠다는 식의 목표여야 한다. 그러고는 그것을 하루치로 환산해 매일 해야 할 학습량을 산정한다. 가령 "몇 페이지부터 몇 페이지까지 완벽하게 마스터하자"는 식의 계획이어야 한다. 계획한 목표를 전부 달성하면 뿌듯한 마음으로 편안하게 잠들 수 있다. 오늘 할 일을 다 했으니 스트레스를 받을 리 없고, 보람과 성취감으로 가득할 것이다.

문득 학습계획을 제대로 세운 것인지 자신이 없을 때도 있다. 그럴 때면 부모님이나 선생님, 혹은 믿을 수 있는 선배의 도움을 받아 전반적인 계획을 짜는 것도 좋은 방법이다. 계획은 매주 한 번씩 '미세조정'을 통해 하루 공부량을 조절하고, 한두 달에 한 번씩은 전반적인 '구조조정'을 하는 것이 좋다. 미세조정을 하는 이유는 직접 해봐야 하루에 얼마만큼 공부할 수 있는지를 알 수 있기 때문이다. 앞에서 말했듯이 하루 공부량은 최선을 다해서 할 수 있는 분량보다 조금 더 많이 잡는 것이 좋다. 최선을 다했는데 90%밖에 지키지 못했다고 실망하지 마라. 오히려 매번 100% 지키는 계획이라면 지나치게 여유롭게 세운 것이므로 아마 대폭 강화하는 편이 좋을 것이다.

학습계획에 공부만 포함시킬 필요는 없다. 휴식시간과 존2 운동, 산책 등 기분 전환이 될 만한 시간을 넣는 것이 바람직하다. 게임을 1시간 정도 해야 기분이 좋아질 것 같으면 학습계획에 집어넣어도 된다. 휴식시간과 노는 시간만큼은 자신에게 주는 선물이라 생각하고 즐기기 바란다. 제대로 공부해야 재미있게 놀 수 있고, 재미있게 공부해야 제대로 놀 수 있는 법이다. 가장 안 좋은 것이 놀면서 스트레스를 받는 것이다. 빈둥빈둥 노느라 공부는 안 하면서, '내가 지금 놀면 안 되는데' 하는 불안감과 스트레스를 받는다면, 놀지도 못하고 공부도 못하는 최악의 상황이다. 그뿐인가. 짜증나고 스트레스 수치가 올라가니 전전두피질의 기능이 악화되어 기억력이 나빠져서 학습능력도 떨어진다. 마음 편하게 제대로 놀지도 못하면서 공부도 안 하는 것이야말로 가장 큰 시간낭비임을 잊지 마라. 항상 신나게 놀고 신나게 공부하자. 공부하는 것도, 노는 것도 모두 학습계획에 따라 실행하면 된다. 계획에 맞춰 노는 것은 스트레스 안 받고 즐겁게 할 수 있으니까.

한국의 학부모들은 공부 자체를 거의 신성시한다. 공부하는 것은 무조건 좋고 선한 것이며, 공부 안 하고 노는 것은 악한 행동이라는 식이다. 하지만 공부하는 것이 선이 아니라, 무엇이든 제대로 하는 것이 선이다. 노는 것이 진정 아이를 행복하게 한다면 그것도 악이 아니라 선이다. 그런데 우리나라 청소년들은 노는 것 자체에 괜한 죄의식을 느낀다. 열심히 공부하지 않으면 무언가 큰 잘못을 하고 있다는 느낌을 받는다. 어려서부터 놀지 말고 공부하라는 말을 들으면서 자랐기 때문이다. 노는 것은 피해야 하는 즐거움이고 공부는 참아야 할 고통이라고 생각하는 한, 자신의 능력을 최대한 발휘하기란 힘들다. 공부가 찾아서 하고 싶은 즐거움이 되어야 잘 할 수 있다.

시험도 마찬가지다. 도전의식과 승부욕을 부르는 일종의 게임으로 여겨야 능력을 제대로 발휘할 수 있다. 그런 마음가짐을 갖고 시험에 임해야 비록 실패하더라도 후회와 두려움이 없다. 시험을 즐거운 게임처럼, 놀이처럼 생각하라니, 이상적이고 한가한 이야기가 아니냐고? 결코 그렇지 않다. 아주 현실적이고 과학적 근거가 있는 얘기다. 즐기면서 해야 무엇이든 더 잘할 수 있기 때문이다. 공부도 그렇고 스포츠도 그렇다. 세계적인 축구감독들만 봐도 중요한 게임일수록 즐기면서 하겠노라고 외치지 않는가. 괜한 호언장담이 아니라 선수들의 압박감을 덜어주고 즐기면서 최선을 다하도록 유도하는 것이 최고의 결과를 이끌어내는 가장 좋은 방법임을 터득했기 때문이다. 공부를 잘하려면 시험을 잘 봐야 하고, 시험을 잘 보려면 시험을 게임처럼 신나게 즐겨야 한다. 이 책을 읽는 모든 이들이 그릿을 향상시키고 시험에서도 뜨거운 열정과 집념을 발휘할 수 있게 되기를 바란다.

끝으로 이 모든 것을 압축한 자기확언 하나를 소개한다. 시험을 보기 전에 혹은 중요한 일을 앞두고 마음속으로 다음 문장을 계속 반복해서 스스로에게 말해보라.

침착하고 차분하게, 즐거운 마음으로, 나는 할 수 있다.

여기서 '침착하고 차분하게'는 바로 편도체 안정을 위한 것이고, '즐거운 마음으로'는 전전두피질 활성화를 위한 것이다. 그리고 '나는 (이러저러하게) 할 수 있다'는 내가 나에게 하는 강력한 스토리텔링이다. 즉 이 한 문장으로 그릿 향상을 위한 핵심적인 내용을 간략하게 내면화해나갈 수 있는 것이다. 실제로 많은 학생이 이 내면소통을 통해 시험불안증을 극복하고 성적이 향상되는 것을 경험했다. 특히 2024년 여름 파리 올림픽에서 최초로 양궁 5개 전 종목 금메달을 휩쓸었던 양궁 국가대표 선수 6명에게 3개월 동안 마음근력 훈련을 시켜주고 나서 마지막에 알려준 자기확언이기도 하다. 시험이든 시합이든, 중요한 순간에 잊지 말고 이 내면소통을 진심으로 반복해보기 바란다. 주의 사항은 내가 나에게 진심으로 이야기해야 한다는 것이다. 진심으로, 내가, 나에게, 나에 대해서 하는 내면소통은 언제나 강력한 효과를 발휘한다.

미주

프롤로그

1. Stoltz, P. (2015). *Grit: The new science of what it take to persevere, flourish, succeed.* ClimStrong Press.

2. Meadows, M. (2015). *Grit: How to keep going when you want to give up.* CreateSpace Independent Publishing.

3. Sudbrink, L. (2015). *Leading with GRIT: Inspiring action and accountability with generosity, respect, integrity, and truth.* Gritty Stuff.

4. Thaler, L. & Koval, R. (2015). *Grit to great: How perseverance, passion, and pluck take you from ordinary to extraordinary.* Crown Currency.

5. McKey, Z. (2016). *Build Grit: How to grow guts, develop willpower, and never give up: Strength of Character manual.* CreateSpace Independent Publishing.

6. Duckworth, A. (2016). *Grit: The power of passion and perseverance.* New York, NY: Scribner.

7. Wilson, D. J., HajiHosseini, A., & Hutcherson, C. A. (2023). Recruitment of dlPFC during dietary self-regulation predicts the transience of regulatory effects. *Social Cognitive and Affective Neuroscience, 18(1)*, nsab088.3

8. Nejati, V., et al., (2023). The role of prefrontal cortex and temporoparietal junction in interpersonal comfort and emotional approach. *Scientific Reports, 13(1)*, 21636.

9. van Buuren, M., et. al., (2022). Development of the neural correlates of self-and other-referential processing across adolescence. *NeuroImage, 252*, 119032.

10. Ironside, M., et al., (2019). Effect of prefrontal cortex stimulation on regulation of amygdala response to threat in individuals with trait anxiety: A randomized clinical trial. *JAMA Psychiatry, 76(1)*, 71-78.

1장 공부에 대한 오해와 착각

11. Siegel, D. J. (2020). *The developing mind: How relationships and the brain interact to shape who we are.* Guilford Press.

12. McCullough, J. M., & Barton, E. Y. (1991). Relatedness and mortality risk during a crisis year: Plymouth colony, 1620-1621. *Ethology and Sociobiology, 12*(3), 195-209.

13. Sears, P. S. (1979). The Terman genetic studies of genius, 1922-1972. In A. H. Passow (Ed.) *The 78th Yearbook of the National Society for the Study of Education* (pp.75-96). Chicago: University of Chicago Press.

14. Stern, E. (2001). Intelligence, prior knowledge, and learning. *International Encyclopedia of the Social and Behavioral Sciences, 11*, 7670-7674.

15. Neisser, U., Boodoo, G., Bouchard Jr, T. J., Boykin, A. W., Brody, N., Ceci, S. J., ... & Urbina, S. (1996). Intelligence: Knowns and unknowns. *American Psychologist, 51*(2), 77.

16. Dweck, C. S. (1986). Motivational processes affecting learning. *American Psychologist, 41*(10), 1040-1048.

17. Duckworth, A. L., Quinn, P. D., & Tsukayama, E. (2012). What No Child Left Behind leaves behind: The roles of IQ and self-control in predicting standardized achievement test scores and report card grades. *Journal of Educational Psychology, 104*(2), 439-451.

18. Vaiserman, A. (2011). Early-life origin of adult disease: Evidence from natural experiments. *Experimental Gerontology, 46*(2), 189-192.

19. Stöger, R. (2008). The thrifty epigenotype: An acquired and heritable predisposition for obesity and diabetes? *Bioessays, 30*(2), 156-166.

20. Francis, D., Diorio, J., Liu, D., & Meaney, M. J. (1999). Nongenomic transmission across generations of maternal behavior and stress responses in the rat. *Science, 286*(5442), 1155-1158.

21. Siegel, D. J. (2020). *The developing mind: How relationships and the brain interact to shape who we are*. Guilford Press.

22. Edlund, Calvin V. (1972). "The effect on the behavior of children, as reflected in the IQ scores, when reinforced after each correct response." *Journal of Applied Behavior Analysis* 5.3 317-319.

23. Clingman, J., & Fowler, R. L. (1976). The effects of primary reward on the IQ performance of grade-school children as a function of initial IQ level. *Journal of Applied Behavior Analysis, 9*(1), 19-23.

24. Blackwell, L. S., Trzesniewski, K. H., & Dweck, C. S. (2007). Implicit theories of intelligence predict achievement across an adolescent transition: A longitudinal study and an intervention. *Child Development, 78*(1), 246-263.

25. Mueller, C. M., & Dweck, C. S. (1998). Praise for intelligence can undermine children's motivation and performance. *Journal of Personality and Social Psychology, 75(1)*, 33-52.

26. Blackwell, L. S., Trzesniewski, K. H., & Dweck, C. S. (2007). Implicit theories of intelligence predict achievement across an adolescent transition: A longitudinal study and an intervention. *Child Development, 78(1)*, 246-263.

27. Mangels, J. A., Butterfield, B., Lamb, J., Good, C., & Dweck, C. S. (2006). Why do beliefs about intelligence influence learning success? A social cognitive neuroscience model. *Social Cognitive and Affective Neuroscience, 1*(2), 75-86.

28. Job, V., Dweck, C. S., & Walton, G. M. (2010). Ego depletion-Is it all in your head? Implicit theories about willpower affect self-regulation. *Psychological Science, 21(11)*, 1686-1693.

29. Covington, M. V. (1992). *Making the grade: A self-worth perspective on motivation and school reform*. New York: Cambridge University Press.

30. Schwinger, M., Trautner, M., Pütz, N., Fabianek, S., Lemmer, G., Lauermann, F., & Wirthwein, L. (2022). Why do students use strategies that hurt their chances of academic success? A meta-analysis of antecedents of academic self-handicapping. *Journal of Educational Psychology, 114*(3), 576.

31. Urdan. T., Midgley, C. & Anderman, E.M. (1998). The role of classroom goal structure in students' use of self-handicapping strategies, *American Educational Research Journal. 35(1)*, 101-122.

32. Midgley, C. & Urdan, T. (2001). Academic self-handicapping and achievement goals: A further examination. *Contemporary Educational Psychology, 26*, 61-75.

33. Midgley, C., Arunkumar, R. & Urdan, T. (1996). "If I Don't Do Well Tomorrow, There's a Reason": Predictors of adolescents' use of academic self-handicapping strategies. *Journal of Educational Psychology. 88*(3), 423-434.

34. Xing, H., et al., (2023). The role of perceived parent social comparisons in adolescent academic social comparison, self-efficacy, and self-handicapping: A person-centered approach. *Current Psychology, 42(18)*, 15600-15615.

35. Benbow, C., & Stanley, J. C. (1980). Sex differences in mathematical ability: Fact or artifact? *Science, 210*, 1262-1264.

36. Benbow, C., & Stanley, J. C. (1983). Sex differences in mathematical reasoning ability: More facts, *Science, 222*, 1029-1031.

37. Guiso, L., Monte, F., Sapienza, P., & Zingales, L. (2008). Culture, gender, and math. *Science, 320*, 1164-1165.

2장 그릿, 모든 성취의 원동력

38. Duckworth, A. L. & Quinn, P. D. (2009). Development and validation of the Short Grit Scale (GRIT-S), *Journal of Personality Assessment, 91*(2), 166-174.

39. Duckworth, A. L., Peterson, C., Matthews, M. D., & Kelly, D. R. (2007). Grit: Perseverance and passion for long-term goals. *Journal of Personality and Social Psychology, 92*(6), 1087-1101.

40. Bloom, B. S. (1985). *Developing talent in young children*. New York: Ballantine.

41. Ericsson, K. A., Krampe, R. T., & Tesch-Römer, C. (1993). The role of deliberate practice in the acquisition of expert performance. *Psychological Review, 100*(3), 363-406.

42. Ericsson, K. A. (2006). The influence of experience and deliberate practice on the development of superior expert performance. In K. A. Ericsson, N. Charness, P. Feltovich, & R. R. Hoffman, R. R. (Eds.). *Cambridge handbook of expertise and expert performance* (pp. 685-706). Cambridge, UK: Cambridge University Press.

43. Willingham, W. W. (1985). *Success in college: The role of personal qualities and academic ability*. New York: College Board Publications.

44. Heckman, J. J. (2006). Skill formation and the economics of investing in disadvantaged children. *Science, 312*(5782), 1900-1902.

45. Heckman, J. J., Moon, S. H., Pinto, R., Savelyev, P. A., & Yavitz, A. (2010). The rate of return to the HighScope Perry Preschool Program. *Journal of Public Economics, 94*(1), 114-128.

46. Moffitt, T. E., Arseneault, L., Belsky, D., Dickson, N., Hancox, R. J.,. Harrington, H., ... & Caspi, A. (2011). A gradient of childhood self-control predicts health, wealth, and public safety. *Proceedings of the National Academy of Sciences, 108*(7), 2693-2698.

47. Heckman, J. J., & Rubinstein, Y. (2001). The importance of noncognitive skills: Lessons from the GED testing program. *The American Economic Review, 91*(2), 145-149.

3장 자기조절력: 나를 조절하고 다스리는 힘

48. Ryan, R. M & Deci, E. L. (2018). *Self-determination theory: Basic psychological needs in motivation, development, and wellness*. Guilford Press.

49. Bateman, T. S., & Porath, C. (2003). Transcendent behavior. In Cameron, K. S., Dutton, J. E., & Quinn, R. E. (Eds.). *Positive organizational scholarship: Foundations of a new discipline*. Berrett-koehler Store, 122-137.

50. Porath, C. L., & Bateman, T. S. (2006). Self-regulation: From goal orientation to job performance. *Journal of Applied Psychology, 91(1)*, 185-192.

51. VandeWalle, D., Brown, S. P., Cron, W. L., & Slocum Jr, J. W. (1999). The influence of goal orientation and self-regulation tactics on sales performance: A longitudinal field test. *Journal of Applied Psychology, 84*(2), 249-259.

52. Beran, M. J., Beran, M. M., & Menzel, C. R. (2005). Chimpanzees (Pantroglodytes) use markers to monitor the movement of a hidden item. *Primates, 46(4)*, 255-259.

53. Mischel, W., Shoda, Y., & Rodriguez, M. L. (1989). Delay of gratification in children. *Science, 244*, 933-938.

54. Bertams, A. (2012). How minimal grade goals and self-control capacity interact in predicting test grades, *Learning and Individual Differences, 22*, 833-838.

55. Baumeister, R. F., & Tierney, J. (2012). Self-control the moral muscle. *Social Psychology, 74*, 1252-1265.

56. D'Argembeau, A., et al., (2007). Distinct regions of the medial prefrontal cortex are associated with self-referential processing and perspective taking. *Journal of Cognitive Neuroscience, 19(6)*, 935-944.

57. Weng, H. Y., et al., (2020). Focus on the breath: Brain decoding reveals internal states of attention during meditation. *Frontiers in Human Neuroscience, 14*, 336.

58. Gross, J. T., & Cassidy, J. (2024). Hidden feelings: Expressive suppression in middle childhood and links with physiology and negative emotion. *Emotion, 24(1)*, 255.

59. Barrett, L. F. (2017). The theory of constructed emotion: An active inference account of interoception and categorization. *Social Cognitive and Affective Neuroscience, 12(1)*, 1-23.

60. Herrando, C., & Constantinides, E. (2021). Emotional contagion: A brief overview and future directions. *Frontiers in Psychology, 12*, 712606.

4장 대인관계력: 건강한 인간관계를 구축하는 힘

61. Evans, G. W., & Schamberg, M. A. (2009). Childhood poverty, chronic stress, and adult working memory. *Proceedings of the National Academy of Sciences, 106(16)*, 6545-6549.

62. Sapolsky, R. M. (2004). *Why zebras don't get ulcers*. New York: Times Books.

63. Hawkley, L. C., Burleson, M. H., Berntson, G. G., & Cacioppo, J. T. (2003). Loneliness in everyday life: Cardiovascular activity, psychosocial context, and

health behaviors. *Journal of Personality and Social Psychology, 85(1)*, 105-120.

64. Cacioppo, J. T., & Patrick, W. (2008). *Loneliness: Human nature and the need for social connection*. New York: Norton & Company.

65. Eisenberger, N. I. (2012). The pain of social disconnection: Examining the shared neural underpinnings of physical and social pain. *Nature Reviews Neuroscience, 13(6)*, 421-434.

66. Eisenberger, N. I., Inagaki, T. K., Mashal, N. M., & Irwin, M. R. (2010). Inflammation and social experience: An inflammatory challenge induces feelings of social disconnection in addition to depressed mood. *Brain, Behavior, and Immunity, 24(4)*, 558-563.

67. DeWall, C. N., MacDonald, G., Webster, G. D., Masten, C. L., Baumeister, R. F., Powell, C., ... & Eisenberger, N. I. (2010). Acetaminophen reduces social pain behavioral and neural evidence. *Psychological Science, 21(7)*, 931-937.

68. Dunbar, R. I. (1992). Neocortex size as a constraint on group size in primates. *Journal of Human Evolution, 22(6)*, 469-493.

69. Hill, R. A., & Dunbar, R. I. (2003). Social network size in humans. *Human Nature, 14(1)*, 53-72.

70. Werner, E. E. (1993). Risk, resilience, and recovery: Perspectives from the Kauai Longitudinal Study. *Development and Psychopathology, 5(4)*, 503-515.

71. Chen, Y., & Ishak, Z. (2022). Gratitude diary: The impact on depression symptoms. *Psychology, 13(3)*, 443-453.

72. Harris, J. R. (1995). Where is the Child's Environment? A group socialization theory of development. *Psychological Review. 102(3)*. 458-489.

5장 자기동기력: 열정을 갖고 스스로 해내는 힘

73. Harlow, H. F., Harlow, M. K., & Meyer, D. R. (1950). Learning motivated by a manipulation drive. *Journal of Experimental Psychology, 40(2)*, 228.

74. Deci, E. L., & Ryan, R. M. (2012). Overview of self-determination theory. *The Oxford Handbook of Human Motivation, 85*. 3-33.

75. Maslow, A. H. (2013). *Toward a psychology of being*. New York: Simon & Schuster.

76. Vansteenkiste, M., Simons, J., Lens, W., Sheldon, K. M., & Deci, E. L. (2004). Motivating learning, performance, and persistence: The synergistic effects of intrinsic goal contents and autonomy-supportive contexts. *Journal of Personality and Social Psychology, 87(2)*, 246-260.

77. Reeve, J., Bolt, E., & Cai, Y. (1999). Autonomy-supportive teachers: How they teach and motivate students. *Journal of Educational Psychology, 91*(3), 537-548.

78. Schultz, W. (2007). Behavioral dopamine signals. *Trends in Neurosciences. 30*(5), 203-210.

79. Schultz, W. (1998). Predictive reward signal of dopamine neurons. *Journal of Neurophysiology. 80*, 1-27.

80. Pessiglione, M., Seymour, B., Flandin, G., Dolan, R., & Frith, C. D. (2006). Dopamine-dependent prediction errors underpin reward-seeking behavior in humans. *Nature, 442*, 1042-1045.

81. Wise, R. A. (2004). Dopamine, learning and motivation. *Nature Reviews Neuroscience, 5*, 1-12.

82. Fiorilo, C. D., Tobler, P.N., & Schultz, W. (2003). Discrete coding of reward probability and uncertainty by dopamine neurons. *Science, 299*, 1898-1902.

83. Oettingen, G., Pak, H. J., & Schnetter, K. (2001). Self-regulation of goal-setting: Turning free fantasies about the future into binding goals. *Journal of Personality and Social Psychology, 80*(5), 736-753

6장 '시험 잘 보는 능력'도 길러야 한다

84. Starkman, M. N., Gebarski, S. S., Berent, S., & Schteingart, D. E. (1992). Hippocampal formation volume, memory dysfunction, and cortisol levels in patients with Cushing's syndrome. *Biological Psychiatry, 32*(9), 756-765.

85. Dominique, J. F., Roozendaal, B., Nitsch, R. M., McGaugh, J. L., & Hock, C. (2000). Acute cortisone administration impairs retrieval of long-term declarative memory in humans. *Nature Neuroscience, 3*(4), 313-314.

86. Armour, J. A., & Ardell, J. L. (1994). *Neurocardiology*. Oxford University Press.

87. Long, B. C., & Stavel, R. V. (1995). Effects of exercise training on anxiety: A meta-analysis. *Journal of Applied Sport Psychology, 7*(2), 167-189.

88. Salmon, P. (2001). Effects of physical exercise on anxiety, depression, and sensitivity to stress: A unifying theory. *Clinical Psychology Review, 21*(1), 33-61.

89. Cotman, C. W., & Berchtold, N. C. (2002). Exercise: A behavioral intervention to enhance brain health and plasticity. *Trends in Neurosciences, 25*(6), 295-301.

90. Hillman, C. H., Erickson, K. I., & Kramer, A. F. (2008). Be smart, exercise your heart: Exercise effects on brain and cognition. *Nature Reviews Neuroscience, 9*(1), 58-65.

91. Oaten, M., & Cheng, K. (2006). Longitudinal gains in self-regulation from regular physical exercise. *British Journal of Health Psychology, 11(4)*, 717-733.

92. Jain, S., & Dowson, M. (2009). Mathematics anxiety as a function of multidimensional self-regulation and self-efficacy. *Contemporary Educational Psychology, 34(3)*, 240-249.

93. Brunye, T. T., Mahoney, C. R., Giles, G. E., Rapp, D. N., Taylor, H. A., & Kanarek, R. B. (2013). Learning to relax: Evaluating four brief interventions for overcoming the negative emotions accompanying math anxiety. *Learning and Individual Differences, 27*, 1-7.

94. Ambady, N., Shih, M., Kim, A., & Pittinsky, T. L. (2001). Stereotype susceptibility in children: Effects of identity activation on quantitative performance. *Psychological Science, 12(5)*, 385-390.

95. Fredrickson, B. L., Mancuso, R. A., Branigan, C., & Tugade, M. M. (2000). The undoing effect of positive emotions. *Motivation and Emotion, 24(4)*, 237-258.

96. Isen, A. M., Daubman, K. A., & Nowicki, G. P. (1987). Positive affect facilitates creative problem solving. *Journal of Personality and Social Psychology, 52(6)*, 1122.

97. Estrada, C. A., Isen, A. M., & Young, M. J. (1997). Positive affect facilitates integration of information and decreases anchoring in reasoning among physicians. *Organizational Behavior and Buman Decision Processes, 72(1)*, 117-135.

98. Fredrickson, B. L. (2001). The role of positive emotions in positive psychology: The broaden-and-build theory of positive emotions. *American Psychologist, 56(3)*, 218.

99. Ashby, F. G., & Isen, A. M. (1999). A neuropsychological theory of positive affect and its influence on cognition. *Psychological Review, 106(3)*, 529-550.

100. Fredrickson, B. (2009). *Positivity: Top-notch research reveals the 3 to 1 ratio that will change your life*. New York: Three Rivers Prese.

101. Slavin, R. E. (1980). Cooperative learning. *Review of Educational Research, 50(2)*, 315-342.

102. Slavin, R. E. (1990). Achievement effects of ability grouping in secondary schools: A best-evidence synthesis. *Review of Educational Research, 60(3)*, 471-499.

그릿

흔들리지 않고 무엇이든 해내는 마음근력

초판 1쇄 2025년 2월 26일
초판 2쇄 2025년 3월 5일

지은이 김주환

발행인 문태진
본부장 서금선
책임편집 한성수 **편집 1팀** 송현경 이예림

기획편집팀 임은선 임선아 허문선 최지인 이준환 송은하 김광연 이은지 김수현 원지연
마케팅팀 김동준 이재성 박병국 문무현 김윤희 김은지 이지현 조용환 전지혜 천윤정
저작권팀 정선주
디자인팀 김현철
경영지원팀 노강희 윤현성 정헌준 조샘 이지연 조희연 김기현
강연팀 장진항 조은빛 신유리 김수연 송해인

펴낸곳 ㈜인플루엔셜
출판신고 2012년 5월 18일 제300-2012-1043호
주소 (06619) 서울특별시 서초구 서초대로 398 BnK디지털타워 11층
전화 02)720-1034(기획편집) 02)720-1024(마케팅) 02)720-1042(강연섭외)
팩스 02)720-1043
전자우편 books@influential.co.kr
홈페이지 www.influential.co.kr

ISBN 979-11-6834-268-2 (03590)

- 이 책은 대만 문화부의 번역 지원을 받아 출간되었습니다.